FEUERWEHR
Ranke
10-12
L32
112

Verlag Podszun-Motorbücher GmbH
Elisabethstraße 23-25, D-59929 Brilon
Internet: www.podszun-verlag.de
Email: info@podszun-verlag.de

Herstellung Druckhaus Cramer, Greven

ISBN 978-3-86133-459-0

Titelfotos: Manfred Gihl (oben links), Ralf Keine (oben rechts), Dr. Andreas Klingelhöller (unten und Rückseite)
Fotos Seite 1 und Seite 144: Manfred Gihl

Jahrbuch 2008 Feuerwehr Fahrzeuge

PODSZUN

Liebe Leserin, lieber Leser!

Dies ist die 13. Ausgabe des „Jahrbuchs Feuerwehrfahrzeuge". Wir freuen uns, Ihnen wieder eine interessante Mischung unterschiedlicher Themen rund um Ihr Hobby anbieten zu können. Sehr herzlich bedanken möchten wir uns für die Zuschriften, Telefonate und Emails, die wir im Laufe des Jahres aus der Leserschaft erhalten haben. Sie waren uns Anlass, noch mehr auf Ihre Wünsche einzugehen. Dank gilt allen Autoren und Bildgebern, die mit viel Engagement und einer Menge Arbeit dafür gesorgt haben, dass das Jahrbuch pünktllich zur Buchmesse erscheinen konnte. Ein Hinweis: Abbildungen, die nicht namentlich gekennzeichnet sind, wurden jeweils von den Verfassern der Artikel zur Verfügung gestellt.

Ihnen, liebe Leserin, lieber Leser, wünschen wir viel Vergnügen mit dem Jahrbuch. Das nächste Jahrbuch, die Ausgabe 2009, ist im Oktober 2008 erhältlich.

Ihr Redaktionsteam "Jahrbuch Feuerwehrfahrzeuge"

P.S. Sie können das Jahrbuch Feuerwehrfahrzeuge in Buchhandlungen oder direkt beim Verlag abonnieren. Von den Ausgaben 1999, 2000, 2001, 2004, 2006 und 2007 sind noch einige Exemplare lieferbar. Fordern Sie unverbindlich unser kostenloses Gesamtverzeichnis an mit Büchern über Feuerwehrfahrzeuge, Traktoren, Lastwagen, Autos, Motorräder, Baumaschinen und Lokomotiven:

Verlag Podszun-Motorbücher, Elisabethstraße 23-25, D-59929 Brilon, Telefon 02961 / 53213
Fax 02961 / 9639900, Email info@podszun-verlag.de, Internet www.podszun-verlag.de

Jahresrückblick

2006

August

■ Technischen Richtlinie 10 „Hilfeleistungslöschgruppenfahrzeug HLF 10/10 (RP)" (Entwurf) sowie Technische Richtlinie 5 „Mehrzwecktransportfahrzeug mit Ladehilfe – MZF (RP) in Rheinland-Pfalz veröffentlicht.

September

■ IAA Nutzfahrzeuge in Hannover: Vorstellung des neuen Unimog U20, des überarbeiteten MB Econic, des MAN TGM 4x4, der werkseitigen Doppelkabine von MAN für die TGL- und die TGM-Baureihe und des neuen Iveco Daily.

■ Am 25. September 2006 verlagert Thoma Feuerwehrfahrzeuge den Firmensitz von Kenzingen ins benachbarte Herbolzheim.

■ Metz Aerials stellt in Leonding die überarbeitete L32 der Öffentlichkeit vor.

■ Rosenbauer feiert das 140-jährige Bestehen und weiht am Stammsitz Leonding das neue Logistikzentrum ein.

■ Die FF Achberg (Baden-Württemberg) erhält mit einem LF 10/6 (Rosenbauer-CL-Aufbau) auf einem MAN TGL 12.210 das erste Löschgruppenfahrzeug auf einem Fahrgestell dieser Baureihe in Deutschland.

■ Der erste MultiTrailer von Magirus wird an die WF H&R Pharmazeutische Spezialitäten in Salzbergen (Niedersachsen) ausgeliefert. Die Magirus-Vertretung Meyer in Diepholz-Aschen hat den TSF-W-Vorführauflieger auf die Anforderungen der Werkfeuerwehr (TSF-Sonder) umgebaut.

■ Norm-Entwurf E DIN 14530-5 „Löschgruppenfahrzeug LF 10/6, Hilfeleistungs-Löschgruppenfahrzeug HLF 10/6" veröffentlicht.

■ Überarbeitete Technische Richtlinie Nr. 8 „Gerätewagen Atemschutz GW-A (RP)" in Rheinland-Pfalz veröffentlicht.

Oktober

■ Änderung A2 der DIN EN 1846-2/A2 „Feuerwehrfahrzeuge – Teil 2: Allgemeine Anforderungen – Sicherheit und Leistung" veröffentlicht.

■ Der italienische Aufbauhersteller BAI gründet im hessischen Runkel die Oshkosh-BAI Deutschland GmbH und somit eine Niederlassung in Deutschland.

November

■ Magirus bringt die neuen DLK 55 CS und DLK 42 CS auf den Markt.

■ Die FF Überlingen (Baden-Württemberg) erhält das erste Feuerwehrfahrzeug auf dem MAN TGM-Fahrgestell in Deutschland (HLF 20/16 von Magirus).

Dezember

■ Eine Ära endet: Magirus räumt das Werk an der Ulmer Magirusstraße und verlagert den Brandschutzbereich in umgebaute und erweiterte Gebäude des Iveco-Lkw-Werks im Ulmer Industriegebiet Donautal. Der Umzug ist Anfang 2007 abgeschlossen. Die offizielle Einweihung erfolgt Anfang Juli 2007.

■ Metz Aerials liefert die erste Drehleiter auf einem MAN TGM-Fahrgestell an eine Feuerwehr in Deutschland aus: Die FF Mühlheim/Donau (Baden-Württemberg) erhielt eine DLA (K) 23/12 (L32).

2007

Januar

■ AMS weiht am Standort Schönebeck eine neue Produktionshalle mit 4500 Quadratmetern Produktionsfläche ein.

■ Die Berliner Feuerwehr übernimmt den Prototypen einer neuen LHF-Generation (LHF 20/12 auf MAN TGL 12.240 (4x2) Rosenbauer).

■ Die MAN Nutzfahrzeuge Gruppe hat die Vertriebsaktivitäten der Lkw- und der Bus-Sparte in der neuen Gesellschaft MAN Truck & Bus Deutschland GmbH zusammengeführt. Sitz der Gesellschaft ist München.

■ Verkaufsstart der neuen Kompakttransporter Fiat Scudo, Peugeot Expert und Citroën Jumpy.

■ Die Magirus-Vertretung Heinz Meyer baut in Rehden (Landkreis Diepholz/Niedersachsen) eine neue Fertigungs- und Servicehalle mit integriertem Shop. Die Firma fertigt auch im eigenen Namen Kleinfahrzeuge, wie ELW und TSF.

■ Entwurf der Technischen Richtlinie 1 für einen GW-G und das MZF-G des Landes Rheinland-Pfalz veröffentlicht.

Februar

■ Die Flughafenfeuerwehr Dresden erhält als erste Feuerwehr in Europa ein neues Großflughafenlöschfahrzeug GFLF 80/125-15-P1000 „Panther 8x8" auf dem neuen MAN-Sonderfahrgestell SX 43.1000, das im MAN-Werk in Wien produziert wird.

März

■ Seit 1. März 2007 werden keine Behördenkennzeichen mehr an Kommunen ausgegeben.

■ Die Norm-Entwürfe DIN 14530-16 und -17 für TSF und TSF-W sowie E DIN 14530-25 für ein StLF 10/6 (Staffellöschfahrzeug) werden veröffentlicht.

■ Die Martin Schäfer GmbH in Oberderdingen (Landkreis Karlsruhe/Baden-Württemberg) nimmt den Bau von Feuerwehrfahrzeugen (MTW, ELW, KdoW, VRW etc.) auf. Als erstes wird ein MTW an die FF Rheinstetten ausgeliefert.

April

■ Umzug der Josef Lentner GmbH von Grafing in das neue Werk in Hohenlinden.

Mai

■ Die Norm-Entwürfe E DIN 14530, Teile 2, 3 und 5 für ELW 1, ELW 2 und KdoW werden veröffentlicht. Aktualisiert werden ebenso die Normen DIN 14530-11 (LF/HLF 20/16), DIN 14555-3 (RW), 14555-22 (GW-L2) sowie DIN EN 1846-2 (Feuerwehrfahrzeuge – Allgemeine Anforderungen).

Juni

■ Rheinland-Pfalz definiert zusätzliche Anforderungen an ein Teleskopgelenkmastfahrzeug (TGM) in der Technischen Richtlinie Nr. 14.

Juli

■ Das hessische Innenministerium veröffentlicht die „Technische Richtlinie Hessen – Hubrettungsfahrzeuge", in der zusätzliche Anforderungen an Drehleitern und Hubarbeitsbühnen definiert werden. Hubarbeitsbühnen werden in Hessen künftig als Teleskopgelenkmast (TGM) bezeichnet.

■ Erstmals veröffentlicht das Hessische Ministerium des Innern Überlegungen zu einer Baurichtlinie eines Staffellöschfahrzeuges StLF 20/25 als Ersatz für die zahlreich vorhandenen TLF 16/25. Die Veröffentlichung soll im Spätjahr 2007 erfolgen.

Neuheiten 2006 und 2007 in Deutschland

von Manfred Gihl, Dr. Andreas Klingelhöller, Wolfgang Rotter, Jochen Thorns und Thorsten Waldmann

Eines ist Ihnen beim ersten schnellen Überblick über den Neuheitenteil des Jahrbuches sicher aufgefallen: Der Umfang hat deutlich zugenommen. In der vorliegenden Jahrbuchausgabe zeigen wir 185 Fahrzeuge – genau 77 mehr als beim letzten Mal –, die in den vergangenen zwei Jahren bei deutschen Feuerwehren in Dienst gegangen sind. Ein solcher bundesweiter Überblick ist nur dann möglich, wenn das Fotografieren und das Dokumentieren auf mehrere Schultern verteilt wird. War es in den Anfängen des Jahrbuches ursprünglich nur ein Fotograf und in den vergangenen Jahren zwei, sind jetzt fünf fahrzeugkundige und begeisterte Fotografen für das Jahrbuch 2008 Feuerwehren in allen Teilen des Bundesgebietes angefahren, um einen breit angelegten Überblick über die Vielfalt der Beschaffungen zu dokumentieren.

Eben diese Vielfalt hinsichtlich der Größe, der Ausführung und der äußeren Erscheinung in nahezu allen Fahrzeugkategorien präsentiert sich dem Betrachter auch in diesem Jahr wieder und ist Grundlage für dieses Jahrbuch. Im Bereich der Hubrettungsfahrzeuge scheinen die Auslieferungszahlen von Teleskopmastfahrzeugen gestiegen zu sein und stellen trotz der Gewichtsproblematik durchaus eine Alternative zu den „DLA (K)" dar, wie die umgesetzten beziehungsweise geplanten Beschaffungen von Berufs- und Freiwilligen Feuerwehren belegen. Die so genannten Multifunktionsfahrzeuge – angeboten von Metz („Multitalent") und Magirus („Multistar") – werden augenscheinlich bei kommunalen deutschen Feuerwehren keine signifikante Bedeutung erlangen. Besteller sind hier eher Werkfeuerwehren, für die diese Fahrzeugkategorie eine sinnvolle Alternative darstellt – und Feuerwehren im Ausland. Große Bedeutung haben jedoch die Logistikfahrzeuge bei den Feuerwehren in Deutschland erhalten. Nach der

Geidobler baute diesen KdoW der FF Wolfratshausen (Bayern) im Jahr 2006 aus. Der VW Touareg hat einen 128 kW leistenden Dieselmotor (bei 3500 min^{-1}). Das zulässige Gesamtgewicht beträgt 2850 kg (tho)

Auffällig gestaltete die FF Northeim (Niedersachsen) ihren Kommandowagen (KdoW) für den Brandmeister vom Dienst. Den 2006 gelieferten VW Polo mit 44-kW-Ottomotor (1198 cm³) baute die Feuerwehr in eigenen Werkstätten aus (thw)

Normung der GW-L1 und GW-L2 erhalten nun zahlreiche Fahrzeuge Einzug bei den Feuerwehren. Aufgrund der relativ umfangreichen Stückzahlen scheint es, als ob dieser Fahrzeugtyp eine wirkliche Lücke im Fuhrpark der Feuerwehren schließt.

Dem Vernehmen nach produziert die deutsche Feuerwehrfahrzeugindustrie an der Kapazitätsgrenze, wobei die Triebfeder für diese Entwicklung der Export insbesondere in das benachbarte Europa und nach Asien sowie in den vorderen Orient ist. Längere Lieferzeiten und Lieferverzögerungen, die schon mit der Bereitstellung der Fahrgestelle beginnen, sind an der Tagesordnung. Dies trifft natürlich die bestellenden Feuerwehren. Aber auch die Fotografen sind betroffen, erlaubt es dieser Zustand doch leider nicht, das eine oder andere interessante Fahrzeug noch in diesem Jahr rechtzeitig vor Redaktionsschluss Mitte August aufzunehmen. Aber wie lautet unser Motto: Nach dem Jahrbuch ist vor dem Jahrbuch !

Im vergangenen Jahr hatten wir Feuerwehrfahrzeuge auf den neuen Fahrgestellgenerationen von Mercedes-Benz und MAN angekündigt. In diesem Jahr können die ersten Fahrzeugtypen gezeigt werden. Iveco-Magirus liefert zwischenzeitlich die Standardfahrzeuge auf den Frontlenker-Fahrgestellen der vierten Generation, wobei auch die Montage von Aufbauten auf Fremdfahrgestellen an der Tagesordnung und keine Besonderheit mehr ist. Die wesentlichen Marktanteile im Lkw-Fahrgestellbereich teilen sich die genannten Hersteller. Andere spielten und spielen weiterhin nur eine untergeordnete Rolle. Im Pkw- und SUV-Bereich, der für ELW, KdoW, NEF und MZF-Beschaffungen bedeutsam ist, ist die Vielfalt dagegen beachtlich und führt zu ungewohnten Beschaffungen.

Im Auf- und Ausbausektor der Normfahrzeuge bewegt sich etwas! Die drei „Großen" – Ziegler, Schlingmann und Magirus – stehen in zunehmendem Wettbewerb. Rosenbauer Feuerwehrtechnik hat eine Reihe auch größerer Kunden mit seinen ES-Aufbauten aus der Fertigungsstätte in Luckenwalde gewinnen können, und auch Lentner-Auslieferungen an kommunale Feuerwehren im gesamten Bundesgebiet sind keine Seltenheit mehr. Die italienische Oshkosh-Tochter BAI will durch die Gründung einer deutschen Produktions- und Vertriebsniederlassung im Normfahrzeugsektor Fuß fassen und hat erste Berufsfeuerwehren als Kunden gewinnen können. Ebenso sind die „Österreicher" – vor allem Marte und Empl – vorangekommen. Eine Palette weiterer interessanter Namen – zum Beispiel Abrex, ADIK, Amdac-Bachert, Barth und Thoma – ergänzt die Palette der Feuerwehraufbauhersteller, deren Produkte wir vorstellen.

Die BF Stuttgart beschaffte 2006 fünf Smart Fourtwo pure als PKW für Versorgungs-, Kurier- und Dienstfahrten
(tho)

Ein neues Einsatzfahrzeug erhielt die BF Bielefeld 2006 mit diesem VW Caddy. Es ist zwar mit „Rettungsdienst Bielefeld" beschriftet, doch handelt es sich nach Angabe der Feuerwehr um ein „Kleintransportfahrzeug Logistik". Der Dieselmotor hat eine Leistung von 77 kW bei 4000 min^{-1}
(mgh)

Ein VW Passat Variant 1,9 TDI mit Volkswagen-Ausbau steht dem Kreisbrandmeister des Landkreises Gifhorn (Niedersachsen) seit Ende 2006 als Kommandowagen zur Verfügung
(thw)

KdoW der BF Reutlingen auf BMW 320 d Touring (Motorleistung 120 kW). Den Ausbau hat BMW beziehungsweise die Firma Haberl (Arnstorf) vorgenommen. Baujahr: 2007 (tho)

Die BF Stuttgart stellte 2006 diesen KdoW auf BMW 525 TD Touring in Dienst (tho)

Einen Volvo V 70 „BiFuel" nahm die FF Dietzenbach (Hessen) am 6. Januar 2006 als KdoW in Dienst. Der 103 kW bei 4500 min^{-1} leistende Vierzylindermotor kann wahlweise mit Benzin oder Erdgas betrieben werden. Die notwendigen motorischen Änderungen nahm die Maingau Energie GmbH vor (mgh)

Die FF Uelzen (Niedersachsen) erhielt 2006 diesen KdoW auf der Basis des VW Touran. Sein Zwei-Liter-Dieselmotor hat eine Leistung von 103 kW bei 4000 min^{-1}. Die Schrankeinbauten stammen von Bösenberg Car System, Hannover (mgh)

Zwei baugleiche Suzuki-Modelle Grand Vitara 1.9 DDiS hat die BF Wuppertal 2007 als KdoW für besondere, wetterbedingte Einsatzlagen in Dienst gestellt. Im Normalbetrieb wird ein Fahrzeug vom diensthabenden A-Dienst benutzt, das zweite steht als zbV-Fahrzeug an der Feuerwache 2 (kli)

Swing Car rüstete 2007 die beiden baugleichen ELW 1 der BF Solingen aus. Dieser VW T5 2,5 TDI ist an der Feuer- und Rettungswache 3 stationiert (kli)

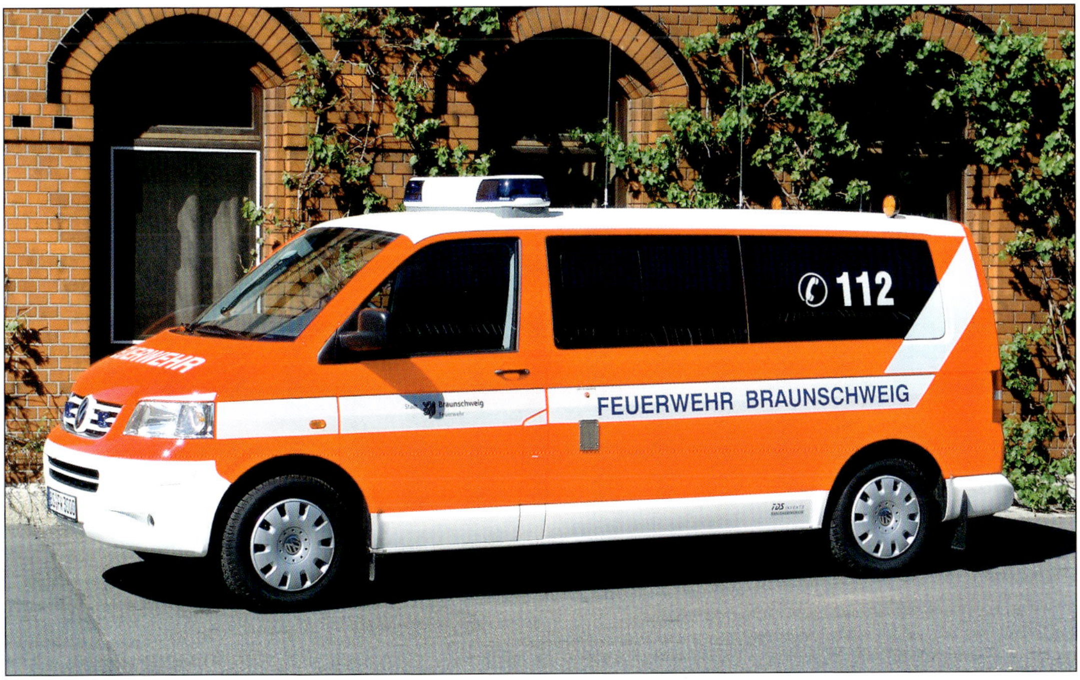

Ihren bereits vierten ELW 1 auf einem VW T5 Transporter Caravelle mit langem Radstand ließ sich die BF Braunschweig im Jahre 2007 von TDS invents ausbauen. Diesel (TDI), 128 kW, Automatikgetriebe. Das in Tagesleuchtfarbe lackierte Fahrzeug dient derzeit als ELW des Direktionsdienstes (thw)

GSF lieferte den ELW 1 an die WF RWE Power Kraftwerke Neurath/Frimmersdorf in Grevenbroich (Nordrhein-Westfalen) aus. Das Fahrzeug basiert auf einem VW T5 syncro mit einem 96-kW-Dieselmotor. Die Vordersitze sind zum Arbeitstisch hin drehbar ausgeführt (tho)

Ein neues Mehrzweckfahrzeug stellte die Freiwillige Feuerwehr der Marktgemeinde Meitingen (Bayern) im Jahr 2006 in Dienst. Als Basis dient ein Fiat Ducato Bus des Typs JTD 2,8. Der Ausbau wurde nach den derzeit in Bayern gültigen Richtlinien von Magirus (Brandschutztechnik Görlitz) durchgeführt
(wr)

Einen Opel Movano 2,2 CDTI mit kurzem Radstand und Flachdach wählte die FF Hohenhameln im Landkreis Peine (Niedersachsen) als Basis für ihren 2006 gebauten ELW 1.Das mit Opel-Feuerwehrausstattung gelieferte Fahrzeug wurde von der Feuerwehr im Wesentlichen selbst ausgebaut. Das zulässige Gesamtgewicht beträgt 2800 kg, die Motorleistung 66 kW. Der ELW ist im halbjährlichen Wechsel bei der Ortsfeuerwehr Mehrum und der Ortsfeuerwehr Hohenhameln stationiert
(thw)

An der Feuer- und Rettungswache 5 in Bremen sind Kräfte und Technik für Gefahrguteinsätze stationiert, zu denen auch der zuständige Fachberater und Abschnittsleiter gehört, für den im Jahr 2007 ein neuer ELW-U beschafft wurde (MB Vito 115 CDI mit Ausbau von Pollmann-Karosseriebau [Bremen]). Das Fahrzeug ist zusätzlich zur Kommunikationstechnik (2-m- und 4-m-Band-Funk, GSM) mit speziellen Mess- und Analysegeräten sowie Gefahrgutliteratur und entsprechenden Datenbanken ausgestattet
(kli)

Auf Basis des MB Sprinter 313 CDI baute Barth diesen ELW 1 für die FF Filderstadt (Baden-Württemberg) im Jahr 2006 aus. Das Fahrzeug ist bei der Abt. Plattenhardt stationiert
(tho)

Einsatzleitwagen ELW 1 der Feuerwehr Rüsselsheim (Hessen), Baujahr 2006. Als Fahrgestell wählte man einen MB Sprinter 313 CDI. Der feuerwehrtechnische Ausbau erfolgte durch die Mudersbacher Firma ADIK-Fahrzeugbau
(wr)

Die FF Schenefeld (Schleswig-Holstein) stellte Ende 2006 als Ersatz für ein vergleichbares Fahrzeug aus dem Jahr 1988 einen ELW 1 auf dem neuen MB Sprinter Fahrgestell 313 CDI in Dienst. Den Ausbau und die Ausstattung stellte die im Norden bislang wenig vertretene Firma Esser her. Als Sonderbeladung wird ein Schnelleinsatzzelt mitgeführt
(kli)

Barth lieferte diesen ELW 1 auf MB Sprinter 309 CDI im Jahr 2007 an die WF Alcan in Singen (Baden-Württemberg) aus. Eine Besonderheit stellt der Ausbau dar, der komplett aus Aluminium gefertigt ist (tho)

Zur Produktpalette von GSF Sonderfahrzeugbau aus Twist im Emsland gehört der Ausbau von Einsatzleitwagen. Die FF Halle i.W. (Nordrhein-Westfalen) erhielt 2007 als ELW 1 diesen MB Sprinter 515 CDI mit einem Radstand von 4325 mm. Ausstattung u. a.: zwei Funkarbeitsplätze, Besprechungsraum, fest installierte Funktechnik 2 x 2 m, 2 x 4 m, TK-Anlage; Multifunktionsgerät (Drucken, Scannen, Kopieren). Der Antennenmast ist klappbar und mittels eines fest installierten Kabels sofort einsetzbar (kli)

Der Landkreis Göttingen beschaffte im Jahre 2006 einen neuen ELW 2 auf der Basis eines Iveco Eurocargo 140 E 24 mit Aufbau von Gimaex-Schmitz. Das Fahrzeug wurde bei der Ortsfeuerwehr Rhumspringe stationiert. Wegen der eingeschränkten Höhe des Stellplatzes musste eine etwas niedrigere Aufbauform gewählt werden, die der Besatzung aber gleichwohl eine ausreichende Stehhöhe gewährleistet (thw)

Der ELW 2 als TEL-Komponente des Landkreises Harburg (Niedersachsen) ist bei der Ortsfeuerwehr Ashausen der FF Stelle stationiert. Gimaex-Schmitz hat dieses Fahrzeug 2006 auf einem MAN-Fahrgestell TGL 10.180 4x2 BL aufgebaut. Die kommunikationstechnische Ausstattung ermöglicht den Betrieb an drei festen Arbeitsplätzen. Zur Unterstützung von Leitungsbesprechungen dient unter anderem ein Beamer, ein Multifunktionsgerät (Drucken, Kopieren, Scannen) sowie ein DIN A 3-Drucker (kli)

Die mobile „Leitstelle für Feuerschutz und Rettungsdienst" des Rhein-Erft-Kreises (Nordrhein-Westfalen) ist in Form eines Abrollbehälters (Gesamtmasse 10 000 kg) realisiert worden. Wenn die beiden Seitenschübe ausgefahren sind, erhöht sich die Gesamtbreite von 2438 mm auf 7155 mm. Den AB, dessen Innenraum zweigeteilt ist, fertigte die Firma Schall in Merzenich. Zur Energieversorgung dient ein 15-kVA-Stromerzeuger. Die erforderlichen Fernmeldeeinrichtungen der Leitstelle sind in einem separaten Abrollbehälter untergebracht (mgh)

Nicht gerade alltäglich ist die Kombination des im Winter 2006 in Dienst gestellten TSF der im Landkreis Günzburg beheimateten FF Winterbach-Waldkirch (Bayern). Auf ein Fiat Ducato-Fahrgestell des Typs 2,3 D setzte Ziegler einen Kofferaufbau auf
(wr)

TSF mit Kofferaufbau auf Opel-Basis erfreuen sich nicht zuletzt wegen der gebotenen Gewichtsreserven zunehmender Beliebtheit. Hier das 2006 gebaute TSF der Ortsfeuerwehr Oldenrode (Niedersachsen), ein Opel Movano 2,5 CDTI mit Ziegler-Aufbau. Das Fahrzeug verfügt unter anderem über eine Hochwasserausstattung mit Tauchpumpe und Kellersaugkorb sowie über eine Schaumausrüstung
(thw)

Bei der Feuerwehr des Stadtteils Denzingen stationierte die Stadt Günzburg (Bayern) im Jahr 2006 dieses TSF-W. Auf ein serienmäßiges Renault Master-Fahrgestell des Typs 160 dCi setzte Rosenbauer einen Kofferaufbau der CL-Baureihe auf
(wr)

Der Aufbauhersteller Pütting aus Rees am Niederrhein hat im westlichen Schleswig-Holstein einige Feuerwehren als Kunde gewinnen können. Die FF Kaiser-Wilhelm-Koog hat 2007 dieses TSF-W auf dem Renault Master 160 dCi-Fahrgestell erhalten (Löschwasserbehälter 500 Liter). Die Ausrüstung ist mit einem Überdruckbelüfter ergänzt worden (kli)

Die Feuerwehr Solingen beschaffte 2007 von Schlingmann ein TSF-W, das für eine ihrer Freiwilligen Feuerwehren vorgesehen ist. Als Fahrgestell dient ein Renault Master 160 dCi, dessen Vierzylinder-Dieselmotor 115 kW bei 3600 min^{-1} leistet. Die zulässige Gesamtmasse beträgt 6500 kg. Der Löschwasserbehälter fasst 750 Liter. Zur Beladung gehören unter anderem eine (aus dem Bestand übernommene) TS 8/8, 13-kVA-Stromerzeuger, Tauchpumpe und Motorsäge. Der Lichtmast ist von Hand ausschiebbar (mgh)

Die Ortsfeuerwehr Moor der FF Seevetal (Niedersachsen) hat 2006 von Magirus (BTG) ein TSF-W (750 Liter Wasser) auf einem MB Vario 614 D-Fahrgestell erhalten. Der am Aufbau vorne rechts installierte Lichtmast trägt je eine Niederspannungs-Leuchte Natrium (6500 Lumen) und Halogen (5000 Lumen). Das Fahrzeug dient bei entsprechender Alarmierung auch zum Ziehen eines ehemaligen, selbst umgebauten TSA, auf dem jetzt Material zur technischen Hilfeleistung verlastet ist (kli)

Bedingt durch die Bauart des Feuerwehrhauses musste der Aufbau des TSF-W der Feuerwehr Heidenheim, Abteilung Kleinkuchen (Baden-Württemberg), besonders niedrig ausgeführt werden. Das 2007 in Dienst gestellte Fahrzeug wurde von Ziegler auf einem MB Atego 815 F-Chassis aufgebaut und ist mit einer im Fahrzeugheck fest eingebauten Feuerlöschkreiselpumpe des Typs FPN 10-1000 ausgestattet (wr)

Zwei baugleiche TSF-W mit 1000-Liter-Wassertank erhielt Ende 2006 die Feuerwehr Braunschweig. Basis sind MAN LE 8.150 4x2 BB, die Aufbauten erstellte Meinicke. Hier das Fahrzeug der Ortsfeuerwehr Lehndorf, es ersetzt ein LF 16-TS (Bund) auf Mercedes-Benz LAF 1113 B (thw)

Die Firma Abrex aus Mecklenburg-Vorpommern hat 2006 ein TSF-W an die Ortsfeuerwehr Asendorf der FF Hanstedt (Niedersachsen) geliefert. Verwendet wurde ein MAN-Fahrgestell LE 8.150 4x2 BB, das unter anderem einen 750-Liter-Löschwasserbehälter trägt. Die Beladung umfasst auch einen Hilfeleistungssatz (Schneidgerät/ Spreizer) und eine Tauchpumpe (kli)

Bereits im Jahr 2005 wurde dieses TSF-W der Werkfeuerwehr MAN, Werk Gustavsburg (Hessen) beschafft. Der Aufbau wurde von ADIK-Fahrzeugbau auf ein MAN-Fahrgestell des Typs LE 8.180 4x2 BB montiert. Als Feuerlöschkreiselpumpe dient eine Ziegler TS 8/8 Ultrapower (wr)

Die Abt. Glatt der FF Sulz am Neckar (Baden-Württemberg) erhielt 2006 dieses TSF-W (MAN LE 8.180 4x2 BB/Ziegler). Da es mit der fest eingebauten FPN 10-1000, dem 800-Liter-Löschwasserbehälter und der feuerwehrtechnischen Beladung die Anforderungen des Norm-Entwurfs für das neue Staffellöschfahrzeug erfüllt, wird es intern auch als StLF 10/6 bezeichnet (tho)

Eines der bundesweit ersten TSF-W auf dem MAN-TGL-Fahrgestell wurde Ende 2006 an die Ortsfeuerwehr Dingelbe im Landkreis Hildesheim ausgeliefert. Rosenbauer Feuerwehrtechnik lieferte den Aufbau; als Basis diente ein MAN TGL 8.180 4x2 BB. Der Löschwasserbehälter fasst 750 Liter, zur Beladung zählen unter anderem vier Überdruck-Pressluftatmer mit Ersatzflaschen, Tauchpumpe, 6-kVA-Generator, Flutlichtstrahler, Notfallrucksack und Defibrillator. Heckseitig ist ein Lichtmast mit zwei Flutlichtstrahlern montiert (thw)

Die FF Neustadt an der Weinstraße (Rheinland-Pfalz) übernahm im Januar 2007 (Baujahr 2006) zwei weitgehend baugleiche MLF (Mittleres Löschfahrzeug nach der Technischen Richtlinie 2 Rheinland-Pfalz). Das abgebildete Fahrzeug ist bei der Löschgruppe Geinsheim stationiert. Magirus baute die Fahrzeuge auf MAN LE 8.180 4x2 BB auf. Zur Ausstattung zählen eine FPN 10-1000, ein 1000 Liter-Löschwasserbehälter und ein Lichtmast an der Aufbauvorderwand (tho)

Im Jahr 2006 stellte die FF Busenberg (Rheinland-Pfalz) dieses MLF (Mittlere Löschfahrzeug nach der Technischen Richtlinie 2 Rheinland-Pfalz) in Dienst. Es wurde von H+E auf einem MAN LE 8.150 4x2 BB mit einem zulässigen Gesamtgewicht von 7490 kg aufgebaut. Ausstattung: FPN 10-1000 (PFJ), Löschwasserbehälter: 1000 Liter, Lichtmast (2 x 24 V), Schiebleiter. Der Mannschaftsraum verfügt nur über eine Tür auf der rechten Fahrzeugseite (tho)

Die FF Friedrichshafen (Baden-Württemberg) beschaffte 2007 vier weitgehend baugleiche KTLF auf IM Daily 65 C 18 mit Marte-Aufbau (Typ Concept II). Die als Erstangriffsfahrzeug konzipierten Fahrzeuge verfügen über einen fest eingebauten 5-kVA-Stromerzeuger, einen Xenon-Klapplichtmast, eine FPN 10-1000, einen 500-Liter-Löschwasserbehälter und eine Staffelbesatzung. Das abgebildete Fahrzeug ist bei der Abt. Ettenkirch stationiert (tho)

Ein von Marte aufgebautes VLF beschaffte die Feuerwehr Göppingen (Baden-Württemberg) im Jahr 2006. Als Fahrgestell fand ein MB Sprinter 416 CDI Anwendung. Die fest eingebaute Feuerlöschkreiselpumpe des Typs FPN 10-1000 stammt von der Firma PF Pumpen und Feuerlöschtechnik GmbH Jöhstadt (wr)

Ein LF 8 nach Technischer Weisung Nr. 14 des Niedersächsischen Innenministeriums setzt die Ortsfeuerwehr Moringen seit 2006 ein. Schlingmann baute eine FPN 10-2000 ein, so dass es sich eigentlich um ein LF 20 handelt. Als Fahrgestell kam der MAN LE 8.180 4x2 BB zur Verwendung. Die Ortsfeuerwehr Moringen ist beim LF 8 nicht auf den Löschwasserbehälter angewiesen, da sie unter anderem noch über ein TLF 16/25 verfügt
(thw)

Auf einem MAN-Fahrgestell des Typs TGL 12.240 4x2 BB baute Rosenbauer das im Sommer 2007 in Dienst gestellte LF 10/6 der Freiwilligen Feuerwehr Illerrieden (Baden-Württemberg) auf. Das in der CL-Ausführung gefertigte Fahrzeug entspricht den derzeit in Baden-Württemberg gültigen Richtlinien
(wr)

Bei der FF Buchholz (Schleswig-Holstein) ist 2006 ein eher unspektakuläres, aber eben für eine dörfliche Feuerwehr typisches LF 10/6 auf MB Atego 815 F (Ziegler-Alpas-Aufbau [Werk Rendsburg]) mit einem 600-Liter-Löschwasserbehälter beschafft worden. Als Besonderheit gehört eine Multicut-Säge zur Beladung
(kli)

Auf einem MB Atego 1125 AF-Fahrgestell fertigte Ziegler 2006 dieses LF 10/6 der Freiwilligen Feuerwehr Offingen (Bayern). Neben der fest eingebauten Feuerlöschkreiselpumpe FPN 10-1000 zählt auch eine Ziegler TS 8/8 zur Beladung (wr)

Das LF 10/6 der FF Wedel in Holstein wurde 2007 von Schlingmann auf einem MB Atego 1225 AFE (einzelbereift) in Quadra VA-Bauweise gefertigt. Der Löschwasserbehälter fasst 600 Liter. Das LF 10/6 verfügt über eine 7-kVA-Travelpower-Anlage, einen 13-kVA-Stromerzeuger und einen Lichtmast. Zur Beladung gehören auch eine TS 8/8, zwei Schlauchboote, Wassersauger und zwei Tauchpumpen. Eine Besonderheit sind die beiden „Bullhörner" zusätzlich zur Martin-Warnanlage (mgh)

LF 10/6 der FF Friedrichshafen, Abt. Ettenkirch (Baden-Württemberg). Das Fahrzeug auf einem MB Atego 1125 AF mit Magirus-Aufbau hat ein zulässiges Gesamtgewicht von 11 000 kg. Löschwasserbehälter: 1200 Liter, Feuerlöschkreiselpumpe: FPN 10-1000, Sonderausstattung: Schiebleiter, Automatikgetriebe (tho)

Ein City-HLF – Türschild LF 10/6-Sonder – auf MB Atego 1325 F mit Ziegler (Rendsburg)-Aufbau hat 2007 die BF Lübeck für die Feuer- und Rettungswache 2 beschafft (Besatzung 1/3, Fahrzeuglänge 7100 mm, Fahrzeugbreite 2300 mm). Es werden 1200 Liter Wasser und 100 Liter Schaummittel mitgeführt (FPN 10-2000; Schaumzumischung FoamSystem. Travel Power-Stromerzeuger 7 kVA, Lichtmast mit zwei Xenon-Scheinwerfern, Mehrzweckleiter, Rettungsbühne, Hilfeleistungssatz, Rettungsschere/Spreizer/Rettungszylinder) (kli)

In Baden-Württemberg dürfen LF 10/6 ein zulässiges Gesamtgewicht von 11 000 kg haben. Dies wird von den Feuerwehren immer öfter gewählt, um eine umfangreichere Beladung unterzubringen und gegebenenfalls auch aus zwei Fahrzeugen eines zu machen. Die Abt. Schwabsberg der FF Rainau erhielt 2007 dieses LF 10/6 von Magirus auf IM 130 E 24 mit einem zulässigen Gesamtgewicht von 11 000 kg. Außer der FPN 10-1000 und einem Löschwasserbehälter mit 1200 Liter Inhalt wird auch eine Schiebleiter mitgeführt (tho)

Als HLF 10/12 bezeichnet die FF Friedland (Niedersachsen) ihr neues Löschgruppenfahrzeug. Der 2006 gebaute Iveco Magirus 100 E 21 W mit Einzelbereifung und Aufbau von Magirus (BTG) verfügt über eine FPN 10-2000 und einen 1200-Liter-Löschwasserbehälter. Für die technische Hilfeleistung auf den nahegelegenen Autobahnen sind unter anderem Rettungsschere und Spreizer verlastet (thw)

Im Sommer 2007 lieferte die Iveco Magirus Brandschutztechnik GmbH erstmals ein auf einem MAN-Fahrgestell der TGM-Baureihe aufgebautes Löschgruppenfahrzeug aus. Empfänger war der Löschzug Finningen der Feuerwehr Neu-Ulm (Bayern). Bei dem auf einem TGM 13.240 4x2 BL aufgebauten Fahrzeug handelt es sich um LF 10/6 (wr)

Lentner lieferte 2006 an die FF Büchen (Schleswig-Holstein) ein LF 20/16 (MB Atego 1328 AF; Aufbauform Plastisol; 2000 Liter Wasser, 200 Liter Schaummittel; FPN 10-2000 Godiva). Das Pflichtenheft der HLF-Beschaffung der BF Frankfurt war eine Orientierungshilfe – unverkennbar ist die Ähnlichkeit der Lackierung. Das Fahrzeug führt eine erweiterte Gefahrgut-Beladung (Messen und Schützen) sowie ein Bahnerdungsgeschirr mit und weist eine Fahrzeugbreite von 2350 mm auf. Der Geräteraum GR ist durch eine Klappe verschlossen. Die Abgasführung erfolgt im Standbetrieb über Dach (kli)

Als Ersatz für ein LF 16-TS und ein TroTLF 16 kaufte die FF Wolfratshausen (Bayern) 2007 dieses LF 20/16 auf MB Atego 1629 AF mit Rosenbauer-Aufbau (Baureihe AT 2). Löschmittel: 2000 Liter Wasser, 200 Liter Schaummittel, 750 kg Pulver. Feuerlöschkreiselpumpe: FPN 10-2000, Digidos-Schaumzumischanlage (tho)

Rosenbauer lieferte im Dezember 2006 ein LF 20/16 an die FF Rastatt (Baden-Württemberg). Es ist in AT 2-Bauweise auf dem Fahrgestell MB Atego 1428 AF aufgebaut. Die Löschmittelmengen betragen 2000 Liter Wasser und 500 Liter Schaummittel (mgh)

Bereits 2006 erhielt die Berliner Feuerwehr einen Prototyp der neuen LHF-Generation LHF 20/12 (MAN TGL 12.240 4x2 BB), der sich von den drei später gelieferten Fahrzeugen durch eine völlig andere Kabinenverlängerung unterscheidet. Sie wurde von MAN-Wittlich vorgenommen, während der Aufbau wiederum von Rosenbauer stammt. Dieses LHF wurde der Landesfeuerwehrschule zugewiesen. Beachte die „normalen" Kennleuchten im Gegensatz zu den integrierten bei den drei anderen LHF (mgh)

Die ersten drei LHF 20/12 der neuen Generation gingen 2007 an die Feuerwachen Lichtenberg, Neukölln und Ranke. Die LHF sind auf dem neuen MAN-Fahrgestell TGL 12.240 4x2 BB von Rosenbauer in Aluminiumtechnologie gebaut worden – Abmessungen: Länge (einschl. Einpersonen-Haspel) = 8030 mm, Breite = 2320 mm. Löscheinrichtungen: FPN 10-2000, Zumischanlage Digidos, Löschmittel: 1200 Liter Wasser, 100 Liter Schaummittel. Besonderheiten: elektrische Schiebleiterentnahmehilfe, Rückfahrkamera (mgh)

Die FF Schwarzenbek (Schleswig-Holstein) besitzt seit Mitte 2007 dieses LF 20/16. Es wurde von Ziegler auf dem Fahrgestell MAN LE 14.280 4x4 BB aufgebaut. Es werden 2000 Liter Löschwasser sowie 50 Liter AFFF + 100 Liter Class A-Foam mitgeführt. Besonderheit: Der Lichtmast ist mit sechs Xenon-Lampen bestückt (mgh)

Über dieses HLF 20/16 mit in den Aufbau integrierter Mannschaftskabine verfügt die FF Stein bei Nürnberg seit 2006. Als Fahrgestell wird ein MB Atego 1428 AF mit 14 000 kg zulässigem Gesamtgewicht eingesetzt, den Aufbau erstellte Magirus. Die Daten der löschtechnischen Einrichtungen: FPN 10-2000, 1600 Liter Wasser, 200 Liter Schaummittel (thw)

Die FF Rodenberg beschaffte 2006 ein normgerechtes LF 20/16 auf Iveco Magirus 140 E 28 W mit Magirus-Aufbau. Zur Beladung zählen unter anderem Schleifkorbtrage, Rettungsbühne und ein leistungsfähiger Werfer. Die Ausstattung mit einer Dekontaminationsdusche ist geplant
(thw)

Das LF 20/16 der FF Gelnhausen (Hessen) baute Magirus 2006 auf dem MAN-Fahrgestell ME 14.280 4x4 BB. Die Schaummittel (50 Liter AFFF, 120 Liter Class A-Foam) werden über eine FireDos-Anlage zugemischt. Stromerzeuger 13 kVA, Lichtmast 2 x 1500 Watt. Besonderheit: Leiterentnahmehilfe. Die Aufnahme entstand auf dem historischen Gelnhauser „Exerzierplatz“ (im Hintergrund die ehemalige Kaserne)
(mgh)

Das 2006 von Magirus auf einem IM 140 E 28 W gebaute LF 20/16 der FF Miesbach (Bayern) verfügt über einen Löschwasserbehälter mit 2400 Liter Inhalt und einen Schaummitteltank für 120 Liter Class-A-Schaummittel. Eingebaut ist eine FireDos FD 1000-Zumischanlage und eine FPN 10-2000 sowie ein Lichtmast (2 x 1500 W). Das Fahrzeug ist vor allem für die Brandbekämpfung ausgerüstet (z. B. sechs PA) und ersetzt ein TLF 16
(tho)

Mit der Beschaffung einer Kleinserie von drei baugleichen HLF 20/16 hat die BF Wuppertal im Jahr 2006 seit 1999 insgesamt sieben Hilfeleistungslöschfahrzeuge in Dienst gestellt. Als Grundlage für den Aufbau hat Lentner MAN TGA 18.350 4x2 LL-Fahrgestelle verwandt (Godiva-FPN 10-3000, 2400 Liter Wasser, 200 Liter Schaummittel, Dachwerfer 2000 l/min, Rotzler TR 030/5-Zugeinrichtung). Die Fahrzeuge werden mit einer Soll-Stärke von 1/5 besetzt (kli)

Zum Zeitpunkt des Fototermins noch eher selten ist ein HLF 20/16 auf einem MAN TGM-Fahrgestell 13.240 4x4 BL anzutreffen. Rosenbauer hat dieses Fahrzeug 2007 für die FF Warin (Mecklenburg-Vorpommern) im Werk Luckenwalde gefertigt. In Tanks werden 1600 Liter Wasser und 200 Liter Schaummittel mitgeführt, am Heck zwei Einpersonen-Haspeln. Im Geräteraum G 2 ist eine TS 8/8 auf einer pneumatischen Hebevorrichtung verlastet. Die Beladungsgruppe Rettungsgeräte befindet sich auf einer Schwenklagerung. Zugeinrichtung Rotzler TR 030/5 (kli)

Auch die FF Saarlouis (Saarland) musste auf ihr HLF 20/20 des italienischen Herstellers BAI lange warten. Fahrgestell: MB Atego 1528 AF (Baujahr 2006, in Dienst August 2007). Es besitzt eine Feuerlöschpumpe von Hale, eine FireDos-Zumischeinrichtung und führt 2000 Liter Wasser sowie 250 Liter AFFF mit. Stromerzeuger 10 kVA, pneumatisch ausfahrbarer Lichtmast 2 x 1000 Watt in der Fahrzeugmitte. Je 2 Pressluftatmer in und gegen Fahrtrichtung, 2 Einmann-Haspeln (mgh)

Insgesamt zwölf Löschgruppenfahrzeuge des Typs HLF 20/16 (bzw. bei früher beschafften Fahrzeugen noch LF 16/12) sieht das Brandschutzkonzept der Stadt Braunschweig für Berufs- und Freiwillige Feuerwehr vor. Hier der 2006 gebaute MAN LE 14.280 4x4 BB mit Schlingmann-Aufbau, FPN 10-2000 und 1600-Liter-Löschwasserbehälter. Das zulässige Gesamtgewicht beträgt 15 000 kg; stationiert ist das Fahrzeug an der Feuerwache Süd
(thw)

Die drei 2006 beschafften HLF 20/16 auf MAN LE 14.280 4x4 BB mit Schlingmann-Aufbau für Einheiten der Freiwilligen Feuerwehr Wuppertal – gezeigt ist das Fahrzeug der Einheit Nächstebreck – wurden gemeinsam mit drei vergleichbaren Fahrzeugen des Typs LF 20/16 in Solingen geliefert. Die Wuppertaler Fahrzeuge führen 1600 Liter Wasser mit und sind unter anderem mit einer Zugeinrichtung (Rotzler TR 030/5) und einer Verkehrssicherungshaspel ausgestattet
(kli)

Im Gerätehaus Edendorf hat die FF Itzehoe (Schleswig-Holstein) 2006 das HLF 20/16 mit Schlingmann-Aufbau stationiert (Fahrgestell MB Atego 1528 AF mit einem zulässigen Gesamtgewicht von 16 000 kg). Bemerkenswert ist die Größe des Wassertanks: 3800 Liter! Das Wasser kann auch über einen Dachmonitor abgegeben werden. Ein „Bullhorn" soll im Stadtverkehr auf der zum Einsatzgebiet gehörenden Autobahn seinen Dienst leisten
(kli)

Die Feuerwehr Oberelchingen (Baden-Württemberg) erhielt 2006 von Ziegler dieses HLF 20/16. Als Fahrgestell dient ein MB Atego 1428 AF. Die eingebaute maschinelle Zugeinrichtung stammt von der Neusässer Firma HPC und weist eine maximale Zugkraft von 50 kN auf (wr)

Ziegler baute 2006 dieses HLF 20/16 für die FF Meersburg am Bodensee (Baden-Württemberg) auf einem MB Atego 1428 AF auf. Das Fahrzeug führt 2000 Liter Wasser und 120 Liter Schaummittel mit. Die FPN 10-2000 ist mit einem Pumpenvormischer ausgestattet (tho)

Die FF Lauterbach (Hessen) konnte 2006 ein HLF 20/16 in Dienst nehmen, das Magirus auf MAN ME 14.280 4x4 BB aufgebaut hat. Löschmittel: 1800 Liter Wasser, 200 Liter Schaummittel. Die Zumischung erfolgt über eine FireDos-Anlage. Die Seilwinde Rotzler Treibmatic hat eine Zugkraft von 50 kN. Lichtmast 2 x 1500 Watt, Stromerzeuger 13 kVA. Zur Beladung gehören das hydraulische Schneidgerät S 270 und der Spreizer SP 60 (Weber-Hydraulik). Besonderheiten: elektrische Leiterentnahme, je zwei Pressluftatmer entgegen und in Fahrtrichtung im Mannschaftsraum gehaltert (mgh)

Als „Integrale“ bezeichnet Magirus die Bauausführung, bei der die Mannschaftskabinen der Löschgruppenfahrzeuge in den Aufbau integriert sind. Ein HLF 20/16 dieser Bauart beschaffte 2006 die Freiwillige Feuerwehr Aitrach (Baden-Württemberg). Als Fahrgestell wurde ein MAN des Typs LE 14.280 4x4 BB gewählt
(wr)

HLF 20/16 der FF Neuhausen auf den Fildern (Baden-Württemberg) mit Magirus-Aufbau, Baujahr 2007. Fahrgestell: MB Atego 1528 AF. Der Mannschaftsraum wurde in den Aufbau integriert (Integrale-Aufbau). Löschmittel: 1600 Liter Wasser, 150 Liter + 50 Liter Class A-Schaummittel. FPN 10-2000, FireDos FD 1600-Schaumzumischanlage
(tho)

HLF 20/16 der FF Wannweil (Baden-Württemberg) auf IM 140E 28 W, Baujahr: 2006. Beim Magirus-Aufbau des Typs „Integrale“ ist der Mannschaftsraum in den Aufbau integriert. Der Löschmittelbehälter fasst 1600 Liter Wasser, die beiden Schaummitteltanks 150 Liter AFFF und 50 Liter Class A. FPN 10-2000 mit einer FireDos-Schaumzumischanlage des Typs FD 1600 mit fest eingestellten Zumischraten. Am Heck ist ein pneumatisch ausfahrbarer Lichtmast mit zwei 1500-W-Scheinwerfern. Auf dem Aufbaudach kann ein Wasserwerfer montiert werden
(tho)

Eine markante Front mit einer Stahlstoßstange aus dem Militärbereich hat dieses HLF 20/16 der FF Leinfelden-Echterdingen, Abt. Echterdingen (Baden-Württemberg). Magirus erstellte den „Integrale"-Aufbau mit Schwenktüren auf einem MB Atego 1628 AF. An Löschmitteln werden 1600 Liter Wasser, 150 Liter AFFF- und 50 Liter Class-A-Schaummittel mitgeführt. Die Zumischung erfolgt über die FireDos FD 1600-Anlage. Als Feuerlöschkreiselpumpe ist eine FPN 10-2000 eingebaut (tho)

Die FF Boizenburg (Mecklenburg-Vorpommern) erhielt 2006 als Ersatz für ein IFA W 50-LF 16 ein HLF 20/16 (1900 Liter Wasser, 200 Liter Schaummittel) – aufgebaut von Magirus auf einem MB-Fahrgestell Atego 1528 AF. Am Heck des Fahrzeugs befinden sich zwei Einpersonen-Haspeln (1 x Schlauch, 1 x Verkehrssicherung) (kli)

HLF 20/16 der FF Wolfschlugen (Baden-Württemberg) mit Magirus-Aufbau, Baujahr 2007. Fahrgestell: MB Atego 1629 AF mit Automatikgetriebe. Für den Mannschaftsraum wurde das so genannte Mannschaftsraum-Modul von Lohr-Magirus verwendet. Löschmittel: 2000 Liter Wasser, 150 Liter Class A- und 50 Liter AFFF-Schaummittel. FPN 10-2000, FireDos FD 1600-Schaumzumischanlage (tho)

Ungewöhnlich sind Straßenfahrgestelle wie dieser MB Atego 1325 F für Hilfeleistungslöschfahrzeuge. Obwohl das Fahrzeug der WF Alcan in Singen (Baden-Württemberg) auf dem Typenschild als LF 20/16 bezeichnet wird, führt es eine HLF-Beladung mit, sodass es auch intern als HLF 20/16 bezeichnet wird. Aufbau: Magirus. Löschmittel: 2000 Liter Wasser, 400 Liter AFFF, FPN 10-2000, Zumischanlage: FireDos FD 1600. Indienststellung: 2006 (tho)

Nach langen Jahren kauft die FF Dischingen im baden-württembergischen Landkreis Heidenheim als erste Feuerwehr einmal nicht bei dem im Landkreis beheimateten Aufbauhersteller Ziegler, sondern bei Magirus. Dieses 2006 gelieferte HLF 20/16 ist auf einem IM 140 E 28 WE aufgebaut. Ausstattung: Löschwasserbehälter 2000 Liter, Schaummitteltanks 150 Liter Class A und 50 Liter AFFF, Rotzler-Seilwinde 60 kN, Lichtmast (2 x 1500 W), FPN 10-2000, Schaumzumischanlage FireDos FD 1000, Hochdruckreiniger mit Zumischeinrichtung zur Ölspurbeseitigung (tho)

Marte baute 2006 für die FF Langen (Hessen) ein HLF 20/20 auf dem MAN LE 14.280 4x4 BB. Die FPN 10-2000 stammt von PF Jöhstadt. Die mitgeführten Löschmittel betragen 2100 Liter Wasser und 200 Liter Schaummittel, Zumischeinrichtung: FireDos. Lichtmast 2 x 1000 Watt, Stromerzeuger 13 kVA (mgh)

Die FF Monheim am Rhein (Nordrhein-Westfalen) stellte 2006 ein LF 24 nach NRW-Richtlinie in Dienst. Fahrgestell: MB Atego 1628 F, Aufbau: Ziegler. Die beiden Tanks fassen 2000 Liter Löschwasser und 200 Liter Schaummittel. Die Seilwinde Rotzler Treibmatic hat eine Zugkraft von 50 kN
(mgh)

Bei der BF Salzgitter sind leistungsfähige LF 24 Tradition. Das neueste Fahrzeug wurde 2007 von Magirus auf einem MAN LE 18.280 4x4 BB aufgebaut und wird im Löschzug der Feuerwache 1 in Lebenstedt eingesetzt. FPN 10-2000, 2000 Liter Wasser, 200 Liter Schaummittel. Die umfangreiche Ausrüstung für die technische Hilfeleistung umfasst unter anderem einen fest eingebauten GTS-Generator 23 kVA, ein mobiles 8-kVA-Aggregat, Rotzler-Seilwinde TR 050, Spreizer Hurst SP 45, Rettungsschere Hurst S 160
(thw)

Nach zwei baugleichen Fahrzeugen im Jahr 2004 hat die BF Solingen im Jahr 2007 ein drittes LF 24 der Kombination MAN-Fahrgestell (TGA 18.410 4x2 LL)/Magirus-Aufbau erhalten (2000 Liter Wasser, 150 + 50 Liter Schaummittel, FPN 10-2000). Das Fahrzeug ist anders als die beiden anderen Fahrzeuge nicht mit einer maschinellen Zugeinrichtung ausgestattet
(kli)

Das TLF 10/24 der Betriebsfeuerwehr im Grenzdurchgangslager Friedland basiert auf einem MAN LE 8.150 4x2 BB mit 7490 kg zulässigem Gesamtgewicht. Der Magirus-Aufbau beinhaltet außer einer FP 10-2000 einen Wassertank mit 2400 Litern Inhalt. Baujahr 2006
(thw)

Seit Anfang 2007 steht bei der FF Elze in Wedemark ein TLF 30/29 mit Schlingmann-Aufbau auf einem MB Atego 1226 AF in Dienst. Schlingmann bezeichnet das Fahrzeug auf dem Typenschild unbeschadet der Pumpenleistung von 3000 l/min und der Größe des Löschmittelbehälters von 2900 Litern als „TLF 16/24" (nach DIN eigentlich TLF 16/24-Tr)
(thw)

Noch recht selten sind Tanklöschfahrzeuge auf Basis der neuen Unimog-Generation. Hier das TLF 8/18 der FF Büddenstedt im Landkreis Helmstedt auf Mercedes-Benz U 3000. Den Ausbau fertigte Schlingmann im Jahre 2006 (FPN 10-2000, 1800 Liter Wasser). Das zulässige Gesamtgewicht beträgt 8500 kg
(thw)

Das singlebereifte TLF 16/24-Tr mit 2400 Liter Wasser hat die FF Heiligenstedten-Bekmünde (Schleswig-Holstein) 2006 erhalten (MB Atego 918 AFE/ Schlingmann). Zur erweiterten Ausstattung gehören zwei Pressluftatmer im Fahrerhaus sowie ein Hilfeleistungssatz (Rettungsschere/Spreizer/ Rettungszylinder) zusammen mit einem 8 kVA-Stromerzeuger
(kli)

Die Ortsfeuerwehr Wesendorf im Landkreis Gifhorn setzt außer einem LF 8 nach Technischer Weisung Nr. 14 des Niedersächsischen Innenministeriums auch dieses TLF 16/24-Tr auf MAN LE 10.180 4x4 BB ein. Ziegler baute das Fahrzeug im Jahre 2006 auf. Der Löschwasserbehälter fasst normgerecht 2400 Liter, als Feuerlöschkreiselpumpe ist eine FPN 10-2000 eingebaut
(thw)

Ein TLF 20/30 hat die FF Lengede (Niedersachsen) seit 2006 in Dienst. Der Iveco Magirus 140 E 28 W verfügt über Singlebereifung. FPN 10-2000, Löschwasserbehälter 3000 Liter, kein Schaummitteltank
(thw)

Auch wenn die TLF 16/25 nicht mehr genormt sind, werden sie von Feuerwehren weiter beschafft. Hierzu gehörte 2006 auch die FF Owschlag (Schleswig-Holstein), die einen MB Atego 1325 AF mit Magirus-Aufbau erhielt, der 2200 Liter Wasser und 120 Liter Schaum mitführt. Die Beladung ist sehr spezifisch erweitert worden: TS 8/8 auf einem Schlitten im Geräteraum G1, LKW-Rettungsbühne, Überdruckbelüfter und zwei Einpersonen-Haspeln am Heck (2 x 8 B-Druckschläuche)
(kli)

Als TLF 20/40 bezeichnet die FF Bad Segeberg (Schleswig-Holstein) ihr 2006 von Schlingmann geliefertes Fahrzeug auf MB Atego 1528 AF, das ebenso auffällig beklebt ist, wie ein 2004 geliefertes LF 16/12 (vergl. Jahrbuch 2006, S. 15). Mitgeführt werden 3800 Liter Wasser, 200 Liter Schaummittel, ein Wasserwerfer Vector 3000, eine Mehrzweckleiter, ein Endress-Stromerzeuger 13 kVA, ein Überdruckbelüfter und ein Sprungretter
(kli)

Ein TLF 20/40 mit 4500 Litern Wasser und 500 Litern Schaummittel hat die FF Troisdorf (Nordrhein-Westfalen) 2006 beschafft (Fahrgestell: MAN LE 14.280 4x4 BB, Aufbau: Schlingmann). Es ist eine Schaum-Druckzumischanlage Automix 72 DE zusammen mit einer FPN 10-2000 verbaut
(kli)

Die Freiwillige Feuerwehr Bremen-Blumenthal setzt seit Dezember 2006 das TLF 20/40 auf dem singlebereiften Iveco-Fahrgestell 140 E 28 (Aufbau: Magirus) ein. Das Fahrzeug führt als Löschmittel ausschließlich Wasser (4000 Liter) mit (kli)

2007 erhielt die BF Bonn ein TLF 20/40 (MB Atego 1529 AF /Rosenbauer [Luckenwalde]). Ausgestattet ist das an Feuerwache 1 stationierte Fahrzeug mit einer FPN 10-2000 und Tanks für 4000 Liter Wasser und 200 Liter Schaummittel, einem heckseitigen Lichtmast mit vier Xenon-Scheinwerfern sowie einer Verkehrswarnanlage (kli)

TLF 20/40-SL der Feuerwehr Reutlingen. Lentner erstellte den Aufbau auf einem MAN TGA 18.350 4x4 BL. Es werden 5000 Liter Wasser, 500 Liter AFFF und 500 Liter Class-A-Schaummittel mitgeführt. Eine Druckluftschaumanlage von Hale ist ebenfalls eingebaut. Die Feuerlöschkreiselpumpe FPN 10-2000 stammt von Godiva. Baujahr 2006 (tho)

Zeitgleich drei TLF 24/50 (laut Türschild! – nach gültiger Norm: TLF 20/40-SL) hat die BF Köln von BAI Italien bezogen und im Sommer 2007 in Dienst gestellt (laut Türschild: Baujahr 2006), wobei die Auslieferung auf sich warten ließ. Das abgebildete Fahrzeug (MAN TGA 18.310 4x2 BL) mit 5600 Litern Wasser und 500 Litern Schaummittel gehört zum Löschzug der Feuer- und Rettungswache 5. Es ist mit einer FPN 10-2000 von Godiva ausgestattet (kli)

Ziegler lieferte 2006 das TLF 24/50 der Berufsfeuerwehr Dessau. Als Fahrgestell wählte man in Dessau einen Scania der Baureihe R 340 CB 4x4 HHZ. An Löschmitteln führt dieses Fahrzeug 4800 Liter Wasser und 500 Liter Schaummittel mit. Des Weiteren zählt auch ein 8 kVA-Stromerzeuger zur Beladung (wr)

Das TLF 20/40-SL der FF Pinneberg (Schleswig-Holstein) ist im Jahr 2007 von Ziegler auf einem MB Atego 1628 AF-Fahrgestell gebaut worden (Wasser 4800 Liter, Schaummittel 50 Liter Class A und 150 Liter AFFF). Die Druckluftschaumanlage Power Foam Pro stammt von Hale, die beiden tragbaren Schaum-Wasser-Werfer von Akron. Zusätzlich ist auf dem Dach ein Alco-Werfer montiert. Mit dem Fahrzeug ist ein Pump-and-Roll-Betrieb möglich (kli)

Laut Türschild von Rosenbauer (Österreich) handelt es sich dem 2006 gelieferten Fahrzeug der FF Düren (Nordrhein-Westfalen) um ein „TLF 4000/400 Trupp AT" (auf MB Atego 1528 AF-Fahrgestell) mit 4000 Litern Wasser und 400 Litern Schaummittel. Eingebaut ist eine FP NH 30 (kli)

Die Werkfeuerwehren der RWE-Braunkohlenkraftwerke führen seit 2006 ein neues Fahrzeugkonzept ein. Dazu gehört auch dieses intern als HLF bezeichnete TLF 4000 auf MB Atego 1628 A mit Rosenbauer-Aufbau. Es ist bei der WF RWE Power Kraftwerke Neurath/Frimmersdorf in Grevenbroich (Nordrhein-Westfalen) stationiert. Löschwasserbehälter: 2600 Liter, Schaummitteltank: 400 Liter, FPN 10-2000 + FPH 40-250 (NH 30), Zumischanlage: Digidos und FixMix (für den Dachwerfer RM 25 E). Besatzung: 1/2. Lichtmast: 4 x 1000 W. Ein 7-kVA-Stromerzeuger ist fest eingebaut (tho)

Zum neuen Fahrzeugkonzept der Werkfeuerwehren der RWE-Braunkohlenkraftwerke gehört auch dieses intern als LF bezeichnete TLF 1000 auf MB Vario 818 D mit Rosenbauer-Aufbau. Es ist bei der WF RWE Power Kraftwerke Neurath/Frimmersdorf in Grevenbroich (Nordrhein-Westfalen) stationiert. Löschwasserbehälter: 850 Liter, Schaummitteltank: 100 Liter, FPN 10-1500 + FPH 40-200 (NH 20), Zumischanlage: Hypro Foam Pro. Besatzung: 1/5. Indienststellung: 2006 (tho)

Die Werkfeuerwehr Peiner Träger in Peine setzt seit 2006 dieses allradgetriebene TLF 20/45-5 (intern TLF 20/40-S) als Nachfolger für zwei TLF 8 (S) ein. Den Aufbau erstellte Rosenbauer Feuerwehrtechnik auf einem MAN LE 18.280 4x4 BB mit 18 000 kg zulässigem Gesamtgewicht. Neben einer FPN 10-2000 verfügt das Fahrzeug über zwei Tanks für 4500 Liter Wasser und 500 Liter Schaummittel; zudem ist eine Minimax-HDL 250 vorhanden (thw)

TLF 24/50 der WF Continental, Hannover, Werksteil Benecke-Kaliko. Das Fahrzeug wurde 2006 von Magirus auf einem MAN TGA 18.310 4x2 BB aufgebaut. Es werden 5000 Liter Wasser und 1000 Liter Schaummittel mitgeführt. FPN 10-2000 mit FireDos FD 1000-Zumischanlage. Zur Ausstattung gehören ein Lichtmast (2 x 1000 W), ein Dachwerfer (Durchfluss 400 bis 1400 l/min) und eine Schiebleiter (tho)

Die WF Securitas im Chemiepark Bitterfeld-Wolfen (Sachsen-Anhalt) beschaffte 2006 bei Amdac-Bachert ein ULF 4000, das Mitte 2007 in Dienst gestellt wurde. Fahrgestell: MAN TGM 18.330 4x2 BB. Es werden 2000 Liter Wasser, 2000 Liter Schaummittel und 240 kg Kohlendioxid mitgeführt. Die FP 32/8 leistet 4000 l/min bei 10 bar. Ebenfalls vorhanden ist eine Druckzumischanlage mit integriertem MicroCAFS und einem eigenen Antrieb. Auf der rechten Fahrzeugseite ist eine Markise und Ausrüstung für die Dekontamination von Einsatzkräften vorhanden (tho)

Die WF Bosch in Reutlingen nutzt seit 2006 dieses intern als Hilfeleistungs-Universal-Löschfahrzeug (HULF) bezeichnete HTLF, das von Magirus auf einem Scania P 340 DB (4x2) aufgebaut wurde. Es verfügt über die serienmäßige Scania-Crew-Cab für eine Staffelbesatzung. Ausstattung: Löschwasserbehälter 1600 Liter, Schaummitteltanks: 250 Liter Mehrbereichsschaummittel, 50 Liter Class A, FPN 10-3400, Druckzumischanlage, Druckluftschaumanlage (Schmitz One-Seven OS 2400 E), 23-kVA-Stromerzeuger fest eingebaut, Dachwerfer (2000 l/min). Im Fahrzeugheck werden ständig drei Rollcontainer mitgeführt (tho)

Ende 2006 erhielt die WF Bayer Industry Services in Dormagen (Nordrhein-Westfalen) dieses SLF. Rosenbauer baute das Fahrzeug auf einem MB Econic 1828 LL auf. Es führt 2000 kg ABC-Pulver, 1000 kg D-Pulver und 360 kg Kohlendioxid mit. Der Dachpulverwerfer RM 60 EP hat eine Wurfweite von etwa 40 Metern. Am Heck ist ein per Dautel-Ladebordwand (Tragkraft 1500 kg) verschlossener Geräteraum für Rollcontainer und Gitterboxen vorhanden (tho)

Ein Großtanklöschfahrzeug TLF 40/80/10-P 750-K 120 beschaffte die BF Krefeld 2006 bei Rosenbauer. Als Fahrgestell wurde ein Scania R 420 LB (6x2) MNB mit lenkbarer Nachlaufachse gewählt. Der Reihensechszylinder-Dieselmotor hat eine Leistung von 309 kW bei 1900 min^{-1}. Die zulässige Gesamtmasse beträgt 26 000 kg. Die löschtechnischen Einrichtungen: FP 10-4000 (N 40), Deltamatic-Zumischvorrichtung, 8000 Liter Wasser, 1000 Liter Schaummittel, Pulverlöschanlage PLA 750 (Minimax), 120-kg-Kohlendioxid-Löschanlage (Minimax), Schaum-Wasserwerfer auf dem Dach (mgh)

Die Werkfeuerwehr Brunsbüttel der Sasol Deutschland GmbH hat 2006 von Rosenbauer (Österreich) ein Industrielöschfahrzeug ULF 4000/1000/120 ACR-HRET erhalten (ACR = Automatic Constant Foam Proportioner) – aufgebaut auf einem Actros 2541 L (6x4/2)-Fahrgestell, dessen Motor die Euro 5-Abgasnorm erfüllt. Technische Einzelheiten: 3000 Liter Wasser, 1000 Liter Schaummittel, 1000 kg Pulver (PLA Total), 120 kg Kohlendioxid, Rosenbauer FP N 1000 LM, Snozzle-Löscharm P 50 (16 m Höhe bei 9 m Ausladung) mit HydroChem-Düse für die Abgabe von Wasser (4700 Liter/min, Schaum oder Pulver (9 kg/sec). Am Snozzle-Kopf befindet sich auch eine Video-Kamera (kli)

Auch die WF Bayer Industry Services in Dormagen (Nordrhein-Westfalen) hat nun einen Turbo-Löscher. Zikun baute das Fahrzeug 2006 auf einem MB Actros 3344 (6x6) auf. Für die beiden Larzac-Triebwerke werden 2800 Liter Kerosin mitgeführt. Ein 15-kVA-Stromerzeuger ist fest eingebaut (tho)

Für rund vier Monate hatte die WF Flughafen Stuttgart dieses TLF 60/120-60 im Jahr 2007 im Einsatz, um die Reparatur eines FLF zu kompensieren. Ziegler stellte dieses 2006 gebaute Fahrzeug vorübergehend zur Verfügung, bevor es nach Hongkong/Xibei ausgeliefert wurde. Auf dem MAN TGA 41.460 8x4 BB-WW werden 12 000 Liter Wasser und 6000 Liter Schaummittel mitgeführt. Die Feuerlöschkreiselpumpe leistet 6000 l/min bei 10 bar; eine Selbstschutzanlage ist vorhanden. Ferner ist ein Lichtmast mit zwei 1000 W-Scheinwerfern angebaut (tho)

Als TLF 30/57-7-360 bezeichnet der Aufbauhersteller Magirus das neue FLF, das Ende 2006 auf dem Adolf-Würth-Airport in Schwäbisch Hall (Baden-Württemberg) in Dienst gestellt wurde. Der IM Trakker AT 260 T 44 W (6x6) führt 5700 Liter Wasser, 750 Liter AFFF-Schaummittel und 360 kg Kohlendioxid mit. Die FPN 10-3000 versogt den Dachwerfer (Leistung: 3000 l/min bei 8 bar) und die fünf Bodensprühdüsen. Am Heck ist ein pneumatisch ausfahrbarer Lichtmast (2 x 1000 W) vorhanden (tho)

Die WF Flughafen Leipzig-Halle stellte 2006 dieses FLF 80/120-15 „Pegasus" in Dienst, das auf einem MAN 36.1000 VFAEG basiert. Das Fahrzeug war ursprünglich im Jahr 1999 als „FLF Blizzard" von GFT gebaut und als nicht einsatzfähiges Demofahrzeug präsentiert worden. Gimaex-Schmitz hat das Fahrzeug nun umgebaut und komplettiert. Löschmittel: 12 000 Liter Wasser, 2 x 750 Liter Schaummittel, 150 Liter Class A-Schaummittel. FPN 10-8000 mit eigenem Pumpenmotor, Zumischanlage Hypro Foam Pro, Druckluftschaumanlage Schmitz One-Seven, fest eingebauter 6 kVA-Stromerzeuger (tho)

Einen RW 2 ersetzte die FF Flörsheim (Hessen) 2007 durch diesen als Hubarbeits-Universal-Rüstwagen (HURW) bezeichneten „Multistar". Magirus baute das Fahrzeug auf einem MAN 18.280 4x2 BB auf. Außer dem Teleskoparm mit einer Arbeitshöhe von etwa 30 m verfügt das Fahrzeug auch über einen fest eingebauten 30-kVA-Stromerzeuger und eine Rotzler-Seilwinde (50 kN). In der Truppkabine sind zwei Plätze mit Halterungen für Pressluftatmer ausgestattet (tho)

Den ersten dreiachsigen „Multistar" als Hubarbeits-Universal-Löschfahrzeug (HULF) beschaffte die WF Bosch in Bamberg (Bayern) 2006. Magirus baute das Fahrzeug auf einem IM Stralis 310 (AD 260 S 31) mit Nachlauflenkachse auf. Der Teleskoparm erreicht eine Arbeitshöhe von etwa 30 m. Am Rettungskorb kann ein 30 m langer Rettungsschlauch angebaut werden. Löschmittel: 2000 Liter Wasser, 500 Liter AFFF-Schaummittel. FPN 10-2000, FireDos FD 1600-Zumischanlage, Gruppenkabine (tho)

Einen Magirus Multistar in der Ausführung HULF stellte die WF DaimlerChrysler in Ludwigsfelde 2007 in Dienst. Das auf einem MB Econic 1828 L-Fahrgestell aufgebaute Fahrzeug führt an Löschmitteln 2000 Liter Wasser und 200 Liter Schaummittel mit. Als Feuerlöschkreiselpumpe dient eine FPN 10-2000
(wr)

Die FF Dettingen an der Erms (Baden-Württemberg) beschaffte 2006 diese DLK 18-12 CS von Magirus auf einem MB Atego 1328 F. Im Gegensatz zum Serienmodell hat das Fahrzeuge einen 17 cm längeren Radstand und so einen breiteren Gerätekasten
(tho)

Die FF Dietzenbach (Hessen) stellte am 1. Juli 2007 diese DLK 23-12 CS von Magirus in Dienst. Fahrgestell: MB Atego 1528 F
(mgh)

Eine DLK 23-12 CS auf einem Iveco 150 E 28-Fahrgestell nahm die Werkfeuerwehr der Iveco Magirus AG in Ulm Ende 2006 in Dienst. Zuvor lief diese Drehleiter einige Monate als Vorführgerät der Iveco Magirus Brandschutztechnik GmbH (wr)

Die Berufsfeuerwehr Bielefeld beschaffte 2006 diese Magirus-Gelenk-Drehleiter des Typs DLK 23-12 GL CS. Als Fahrgestell kam auch hier ein Iveco 150 E 28 zur Anwendung. Zwischenzeitlich verfügt die BF Bielefeld über drei Drehleitern dieses Typs (wr)

Eine Magirus-Gelenk-Drehleiter mit Teleskopteil DLK 23-12 GL-T CS stellte die Freiwillige Feuerwehr Bad Wörishofen (Bayern) im Sommer 2007 in Dienst. Als Fahrgestell wurde auch hier ein Iveco 150 E 28 verwendet (wr)

Nach langen Jahren stellte die BF Bremen im Sommer 2007 erstmals wieder eine von Magirus gebaute Drehleiter in Dienst. Hierbei handelte es sich um eine DLK 23-12 CS HZL, die auf einem MB-Fahrgestell des Typs Econic 1825 LL aufgebaut ist. Auf Wunsch der Feuerwehr Bremen wurde das Fahrzeug mit einer Hinterachszusatzlenkung ausgestattet
(wr)

Die BF Freiburg im Breisgau ist die erste Feuerwehr, die eine DLK 23-12 der Magirus-Bauart GL-T n. B. HZL beschafft hat. Die Zulassung erfolgte am 17. März 2006. Fahrgestell: Iveco FF 150 E 28, zulässige Gesamtmasse: 15 400 kg. Zusätzliche Ausstattung: Stromerzeuger, Wasserwerfer und eine Videokamera im Rettungskorb
(mgh)

Die BF Leverkusen entschied sich 2006 bei der neuen DLK 23-12 für die Feuer- und Rettungswache in Opladen für die niedrige Bauausführung einer „L 32" von Metz auf dem MAN-Fahrgestell LE 15.280 4x2 BB
(kli)

Eine weitere Drehleiter mit einer Hinterradzusatzlenkung beschaffte die BF Bonn im Jahr 2006 und stationierte sie an der Feuer- und Rettungswache im rechtsrheinischen Stadtteil Beuel (DLK 23-12 HZL, Metz [„L 32"], MB Atego 1528 F) (kli)

Im Sommer 2007 erhielt die FF Gütersloh (Nordrhein-Westfalen) eine DLA (K) 23-12 („L32") von Metz auf dem neuen MAN-Fahrgestell TGM 15.280 4x2 BL. Die Typenbezeichnung kennzeichnet die Luftfederung an der Hinterachse (kli)

Eines von drei im Jahr 2007 von Metz an die BF Hamburg gelieferten Teleskopmastfahrzeugen TM 23/12 (Metz-Bezeichnung: „B 32"). Erstmals sind diese Fahrzeuge, die auf MB-Fahrgestellen Atego 1628 F aufgebaut sind, mit einer Gesamtmasse von 16 000 kg realisiert worden. Der Rettungskorb ist mit maximal 400 kg belastbar. Er besitzt Bodensprühdüsen, Energieanschlüsse für 24, 230 und 400 Volt, eine Krankentragenhalterung und einen Wasserwerfer 2500 l/min. Zur Beladung gehören Stromerzeuger 8 kVA, Motorsäge, Überdruckbelüfter und Beleuchtungsgerät (mgh)

Bei der FF Wilthen (Sachsen) ist seit 2006 eine Teleskopmastbühne („B 32") von Metz im Einsatz (Fahrgestell MAN LE 14.280 4x2 BB). Der Korb ist mit 400 kg belastbar. An ihm kann auch ein mitgeführter Rettungsschlauch befestigt werden (kli)

53 m Arbeitshöhe hat die neue Teleskopmastbühne TM 53 der WF Infraserv Höchst in Franfurt am Main, die 2007 gebaut wurde. Als Fahrgestell für die Bronto Skylift F 53 RL fand ein Scania P 420 LB (8x2) Verwendung. Die Schweizer Firma Rusterholz lieferte die Karosserie des Podiums. Die fest eingebaute FPN 10-4000 wird vom Fahrzeugmotor angetrieben (tho)

Im Jahre 2006 erhielt die FF Kerpen (Nordrhein-Westfalen) diese Metz-Teleskopmastbühne B 32. Fahrgestell: MB Econic 1833 LL
(mgh)

Auch die FF Gelnhausen (Hessen) nahm 2006 einen Bronto Skylift F 32 RLX in Dienst. Als Fahrgestell wurde hier der MAN 18.280 4x2 BB gewählt
(mgh)

Mit erheblicher Lieferverspätung hat Mitte 2007 die FF Langen (Hessen) die erste nach Deutschland verkaufte Marte-Teleskopmastbühne Typ MX 32 in Dienst nehmen können. Als Fahrgestell wurde der MAN TGA 18.350 4x2 BB gewählt
(mgh)

Die Feuerwehr im hessischen Raunheim stellte im Frühjahr 2007 diesen von Magirus aufgebauten Rüstwagen in Dienst. Das auf einem MB Atego 1225 AF aufgebaute Fahrzeug verfügt über eine Zugeinrichtung des Typs Rotzler „Treibmatic“, die eine maximale Zugkraft von 50 kN aufweist, sowie über einen 23-kVA-Generator
(wr)

Der wohlbekannte alte „RW 5“ des Rüstzuges der Feuer- und Rettungswache Weidenpesch der BF Köln ist 2007 durch einen RW auf MAN LE 14.280 4x4 BB mit Gimaex-Schmitz-Aufbau ersetzt worden. Besonderheiten: Die Rotzler TR 080/5 arbeitet am Heck des Fahrzeugs und der Lichtmast zwischen Fahrerhaus und Aufbau trägt vier Xenon-Scheinwerfer. Zur Beladung gehören u. a.: fest installierter Stromerzeuger 23 kVA, zwei Rettungssätze, ein hydraulisches Abstützsystem, eine Rettungsbühne in GFK-Ausführung, eine Multifunktionsleiter sowie Schnellangriffseinrichtungen Druckluft und Strom
(kli)

Die FF Celle (Niedersachsen) hat 2006 im Rahmen einer Ersatzbeschaffung einen RW mit Ladebordwand (Dautel, 1500 kg) auf MB Atego 1628 AF-Fahrgestell mit Magirus-Aufbau in Dienst an der Hauptwache gestellt. Die vier im Heck verlasteten Rollcontainer sind auf das Celler Logistiksystem abgestimmt. In den Rücklehnen der Sitze im Fahrerhaus sind zwei PA installiert. (Seilwinde: Rotzler TR 080/5, Lichtmast: 2 x 1500 W)
(kli)

Ein weiteres Rosenbauer-Fahrzeug (AT 2-Aufbau) erhielt die FF Alfter (LG Witterschlick) 2006 mit dem RW auf MAN LE 14.280 4x4 BB. Im Aufbau befindet sich ein selbstregulierender 45-kVA-Stromerzeuger. Im Geräteraum GR ist auf einem Schlitten eine erweiterte Gefahrgutbeladung verlastet
(kli)

Ende 2006 lieferte Rosenbauer diesen RW an die FF Bad Dürkheim (Rheinland-Pfalz) aus. Er wurde in der AT 2-Technologie auf einem vollluftgefederten MB Atego 1225 AFE aufgebaut. Ausstattung: 30-kVA-Stromerzeuger, pneumatisch ausfahrbarer Lichtmast (4 x 1500 W), HPC-Seilwinde 80 kN. Im Heckgeräteraum ist ein extra langer Auszug für eine Rettungsplattform und die Schleifkorbtrage vorhanden
(tho)

Auch für ihren neuen Rüstwagen RW-Kran entschied sich die BF Krefeld für ein Scania-Fahrgestell – Typ R 340 LB 4x2 MNA. Der V6-Dieselmotor leistet 250 kW. Die Gesamtmasse beträgt 18 000 kg. Den Aufbau fertigte 2006 die Firma Gimaex-Schmitz. Der RW ist mit einer 80-kN-Seilwinde Rotzler Treibmatic (mit Zug nach vorn und hinten), einem 30-kVA-Generator, einem Lichtmast 4 x 1500 Watt und einem Ladekran von Palfinger (max. Hebekraft 5850 kg) ausgestattet. Auf dem Dach wird eine Schienenplattform mitgeführt. Zur Beladung gehört ein Plasma-Schneidgerät
(mgh)

Als Ersatz für einen älteren RW 2 beschaffte die Freiwillige Feuerwehr Helmbrechts (Bayern) 2006 dieses Fahrzeug. Dort wird es auch unter der Bezeichnung Rüstwagen „Modell Helmbrechts" geführt. Aufgebaut wurde dieses Fahrzeug von der Firma Hensel. Als Fahrgestell dient ein MAN des Typs LE 10.220 4x4 BB. Zur Ausrüstung zählen ein manuell betriebener Lichtmast, ein 5-kVA-Stromerzeuger sowie eine Vorbauseilwinde des Herstellers HPC mit einer maximalen Zugkraft von 50 kN. Als Zugang zur Ladefläche dient eine Dautel-Ladebordwand
(wr)

Im Jahr 2006 hat die Feuerwehr Reutlingen den 24 Jahre alten GW-Wasserrettung durch ein Neufahrzeug auf Basis des MB Sprinter 413 CDI (4x4) ersetzt. Der Ausbau erfolgte durch die Firmen Binz und Renninger sowie in Eigenarbeit
(tho)

Im Sommer 2007 hat die BF Lübeck als Ersatz den neuen GW-W in Dienst gestellt. Den Ausbau des MB Vario 818 D-Kastenwagens fertigte Ziegler (Werk Rendsburg). Zwei Taucher können sich auf der Anfahrt zur Einsatzstelle ausrüsten. Am Heck des Fahrzeugs befindet sich ein Lichtmast (2 x Xenon). Das Schlauchboot auf dem Einachsanhänger wird permanent mitgeführt
(kli)

Den ersten VRW auf Basis des VW Touareg stellte die FF Altshausen (Baden-Württemberg) 2007 in Dienst. Das Fahrzeug wurde von Barth ausgebaut und verfügt über einen fest eingebauten 5-kVA-Stromerzeuger. Ein Lichtmast ist auf dem Fahrzeugdach aufgebaut. Der Dieselmotor leistet 165 kW bei 4000 min^{-1} (tho)

Einen VW Crafter 35-Kastenwagen hat die BF Wuppertal bei Fahrtec Systeme in Neubrandenburg als GW-Mess ausbauen lassen und 2007 in Dienst genommen. Für die Eigenversorgung wird ein 2-kVA-Stromerzeuger sowie ein Zelt Typ Dekon 2 mitgeführt. Der Kurbelmast (Geroh) nimmt eine Wetterstation auf. Zur Heckbeladung gehören auch sechs PA (Twinpack) (kli)

Für die Abwehr von ABC-Gefahren hat die FF Pirna (Sachsen) 2006 einen GW-G auf MB Atego 815 F mit Aufbau von Gimaex-Schmitz in Dienst genommen, der auch zu Einsätzen im Landkreis Sächsische Schweiz ausrückt
(kli)

Den neuen GW-G der BF Göttingen baute Gimaex-Schmitz im Jahre 2006 auf MB Atego 1225 F auf. Auffällig ist außer der Ausführung mit Rollläden die Lackierung in Tagesleuchtfarbe RAL 3024
(thw)

Der Freistaat Bayern beschaffte 2006 eine größere Serie Gerätewagen-Sanität für einen Behandlungsplatz 50 und stationierte sie bei den Hilfsorganisationen. Als Landesreserve erhielt auch die Staatliche Feuerwehrschule Geretsried einen solchen GW-SAN mit einem Aufbau von Furtner & Ammer. Fahrgestell: MAN LE 8.180 4x2 BB
(tho)

Die Werkfeuerwehr Honeywell in Seelze (Niedersachsen) beschaffte 2006 einen MB Atego 818 F mit Rosenbauer-CL-Aufbau als Gerätewagen in Sonderausführung. Das äußerlich an ein LF 10/6 erinnernde Fahrzeug bietet einer Gruppenbesatzung Platz und ist unter anderem mit Chemikalienschutzanzügen, Pressluftatmern und einer Rettungsbühne beladen
(thw)

Die Schnelleinsatzgruppe Höhenrettung (SEG-H) der BF Hamburg hat 2007 erstmals ein eigenes neues Einsatzfahrzeug erhalten. Es wurde von der Firma Wille nach den Wünschen der SEG in einem Iveco Daily 45 C 15 V eingerichtet. Es ist an der Feuer- und Rettungswache Altona stationiert
(mgh)

Überwiegend für den Materialtransport nutzt die Freiwillige Feuerwehr Memmingen (Bayern) diesen im Sommer 2006 beschafften Fiat Doblo Cargo. Als Besonderheit verfügt dieses Fahrzeug über einen alternativen Benzin/Erdgas-Antrieb
(wr)

Die BF Leverkusen erhielt 2007 für Nachschub- und Transportaufgaben einen VW Crafter 50 als GW-L 1 mit einem Pritsche/Planen/Ladebordwand (Bär Cargolift)-Aufbau von Guggenmos (Betrieb Löbau) (kli)

Standardmäßig ist der GW-L 2 der FF Alfter, Löschgruppe Gielsdorf (Nordrhein-Westfalen), als SW 2000 beladen (Fahrgestell: MAN TGL 8.180 4x2 BB, Aufbau: Rosenbauer [Werk Neidling, Österreich]; Baujahr: 2007). Am Kofferheck befindet sich eine Ladebordwand (Dautel, 1500 kg). Als Schlauchwagen werden vier Rollcontainer mit jeweils 500 m B-Schlauch sowie zwei Rollcontainer mit einer Tragkraftspritze mitgeführt. Lageabhängig können weitere Rollcontainer verlastet werden (z. B. Elektro, Tauchpumpen, Beleuchtung) (kli)

Ein interessantes Einsatzfahrzeug ist der Gerätewagen GW-Logistik/Technische Hilfe der FF Langen (Hessen), den Magirus (BTG) 2006 fertigte. Der Koffer ist von innen begehbar. Fahrgestell: MAN LE 14.280 4x4 BB. Technische Ausstattung: Seilwinde Rotzler Treibmatic 80 kN, Generator 30 kVA, Lichtmast 2 x 1000 Watt zwischen Kabine und Aufbau, Ladebordwand von Dautel (Tragfähigkeit 1500 kg) (mgh)

Als GW-L1 wird der 2006 in Dienst gestellte Gerätewagen Logistik der FF Penzberg (Bayern) auf dem Typenschild bezeichnet, den Magirus (BTG) auf einem MAN LE 14.280 4x4 BB mit Staffelkabine aufbaute. Am Fahrzeugheck befindet sich eine Ladebordwand von Dautel mit einer Hubkraft von 1500 kg. Außerdem ist das Fahrzeug mit einer 50-kN-Seilwinde von Warn ausgerüstet (tho)

Diesen von Hensel gebauten Versorgungs-LKW stellte die Feuerwehr Thannhausen (Bayern) im Frühjahr 2007 als Ersatz für einen älteren Gerätewagen in Dienst. Das auf einem MB Atego aufgebaute Fahrzeug ist mit einem manuell betriebenen Lichtmast sowie einem 5-kVA-Stromerzeuger ausgestattet. Am Fahrzeugheck wurde als Zugang zur Ladefläche eine Dautel-Ladebordwand mit einer maximalen Hubkraft von 15 kN angebaut. Daneben ist dieses Fahrzeug zum Einbau einer Vorbau-Seilwinde vorbereitet (wr)

Als Ersatz für einen Lkw auf Basis eines MD Eckhaubers beschaffte die FF Kirchheim unter Teck, Abt. Stadtmitte (Baden-Württemberg), diesen Gerätewagen Transport (GW-T) im Jahr 2007. Den MAN TGM 12.280 4x2 BL baute Hensel auf. Am Fahrzeugheck befindet sich eine Bär-Ladebordwand mit einer Tragkraft von 1500 kg (tho)

Auf einem MAN-Fahrgestell des Typs TGM 18.240 4x4 BB ist der GW-L der Feuerwehr Rosslau aufgebaut (Baujahr 2007). Zur technischen Ausstattung zählen ein hydraulisch betriebener Ladekran (HMF), eine Ladebordwand (MBB, 1500 kg) sowie ein 5-kVA-Generator (Dynawatt). Der von der Firma FA-KA im benachbarten Zerbst gefertigte Aufbau verfügt über eine Schiebeplane und kann mit verschiedenen Modulen beladen werden. Als Dauerbeladung ist ein Ölwehr-Modul verlastet
(wr)

Hensel lieferte 2007 diesen GW-L1 an die Feuerwehr Dormagen (Nordrhein-Westfalen) aus. Fahrgestell: MB Atego 818 F. Die Ladebordwand von Dautel hat eine Hubkraft von 1500 kg. An der Fahrzeugfront ist ein Sprühbalken zur Beseitigung von Ölspuren montiert, der über eine im Aufbau fest eingebaute 200 Liter-Anlage mit Waschlösung gespeist wird
(tho)

Magirus (BTG) hat 2006 den Kofferaufbau mit Ladebordwand (MBB, 1500 kg) für den GW-L der FF Norderstedt (Schleswig-Holstein) hergestellt, der von einem MB Atego 1324-Fahrgestell getragen wird
(kli)

Aus Mitteln des Fördervereins der FF Wuppertal-Dönberg ist 2006 der SW 1000-Sonder beschafft worden (MAN LE 10.220 4x4 BB, MAN Wittlich-Staffelkabine, Aufbau von Harz). Angepasst an die ländliche Bau- und Wegestruktur am Stadtrand von Wuppertal gehören zur erweiterten Beladung für technische Hilfeleistungen unter anderem zwei Mehrzweckleitern, drei Motorsägen, drei Tauchpumpen sowie ein Tierhebegeschirr (kli)

Ein für eine Freiwillige Feuerwehr dieser Größenordnung eher seltenes Fahrzeug hat 2006 die FF Wedel (Schleswig-Holstein) bei einem benachbarten Karosseriebetrieb (Voss, Haseldorf) bauen lassen. Das Fahrgestell des ÖWSF (Öl-Wasch-Saug-Fahrzeug) hat ein spanisches Ausa M 250 H X4-Fahrgestell (63 kW VW-Turbodieselmotor) mit hydrostatischem Getriebe, das einen Kastenaufbau trägt, in dem unter anderem eine Oertzen-200-bar-Hochdruckwaschanlage untergebracht ist (kli)

Einen Multicar Fumo setzt seit Anfang 2007 die BF Weimar als Wechselladerfahrzeug ein. Das zulässige Gesamtgewicht beträgt 5000 kg, die Fahrzeugbreite nur 2020 mm (thw)

Eher selten haben Feuerwehren bislang MB Axor-Fahrgestelle beschafft. Die BF Bonn hat sich 2006 für zwei baugleiche WLF auf Axor 1829 entschieden, die mit einer Technik von VDL Containersysteme ausgerüstet sind. Das WLF der Feuerwache 1 trägt einen AB-TEL von Ziegler (Mühlau) aus dem Jahr 2005 (kli)

Für die Ölwehr am Bodensee wurden 2006 vier WLF beschafft und bei verschiedenen Feuerwehren stationiert. Ein Fahrzeug erhielt die FF Friedrichshafen (Baden-Württemberg). Die Firma Prem montierte die Wechselladereinrichtung des Typs Meiller RK 20.65 auf einem Iveco Stralis AT 260 S 36. Aufgesattelt ist der AB-Ölsperre (Hersteller: Sirch, Baujahr: 2007) (tho)

Zum Wassern des Rettungsbootes ist das neueste, 2007 gelieferte WLF (MAN TGA 26.440 6x2-2 BL) der BF Münster mit einem Kran ausgerüstet (Atlas 190.2 E – A4). Die Wechselladertechnik stammt von Hyvalift. Das Foto zeigt einen aufgesattelten AB-MANV aus der NRW-Landesbeschaffung 2006 (kli)

Ein GW für kleinere technische Hilfeleistungen ist dieser von der BF Flensburg 2006 in Betrieb genommene MB Sprinter 313 CD5, dessen Ausbau bei der Firma Car & Camper in Kiel gefertigt wurde. Bemerkenswert ist die auffallende symbolhafte Beklebung, die das breite Einsatzspektrum dieses KLAF zum Ausdruck bringen soll (kli)

Bei der Berliner Feuerwehr versieht an der Feuerwache Ranke seit Anfang 2007 ein neues Kleineinsatzfahrzeug (KLEF) seinen Dienst. Es handelt sich um einen Kastenwagen MB Vario 616 D mit Ausbau von Rosenbauer. Die beidseitige Beschriftung „Technische Hilfeleistung" weist auf die Hauptaufgabe des KLEF hin (mgh)

Ein neues Einsatzkonzept führte die FF Hohenstadt (Baden-Württemberg) 2006 ein. Anstelle von TSF beschaffte die Feuerwehr zwei MTW mit Tragkraftspritzenanhängern. Während die MTW mit einer Hochdrucklöschanlage, zwei PA, Geräten für den Ersteinsatz und einem Arbeitstisch ausgestattet sind und so den Ersteinsatz im Ortsteil und Einsatzführungsaufgaben in der Gemeinde übernehmen können, wird der TSA nur bei Bedarf mitgeführt. Das Fahrzeug der Abt. Meidelstetten wurde von Barth auf einem VW T5 TDI 4motion realisiert; der TSA stammt von Vogt (Schweiz) (tho)

Die FF Laatzen (Niedersachsen) ließ sich ihr neues Mehrzweckfahrzeug von der Hannoveraner Firma Stolle liefern, die sich wiederum der Firma Bulwin in Nienhagen als Subunternehmer bediente. MB Sprinter 315 CDI, Baujahr 2006
(thw)

Einen den baden-württembergischen Richtlinien entsprechenden MTW stellte die Feuerwehr Illerrieden im Juli 2007 in Dienst (MB Sprinter 315 CDI). Der feuerwehrtechnische Ausbau wurde von der in Schwieberdingen ansässigen Firma Renninger ausgeführt
(wr)

In Eigenarbeit baute sich die WF Iveco Magirus AG, Ulm, im Jahr 2007 diesen MTW aus. Fahrgestell: IM Daily 35 S 18 3.0 HPT
(tho)

Ein VW Crafter 35 mit mittellangen Radstand und Flachdach steht seit 2007 bei der Ortsfeuerwehr Rüningen der FF Braunschweig als MTW in Dienst. Den Ausbau nahm die ortsansässige Firma Swing Car vor
(thw)

Das erste Einsatzfahrzeug der Feuerwehr Solingen ohne Behörden-Kennzeichen ist dieses 2007 für die Jugendfeuerwehr beschaffte MTF auf VW Crafter 35 2,5 TDI. Es erhielt das Kennzeichen SG-SG 1200
(mgh)

MTW der WF RWE Power Kraftwerke Neurath/Frimmersdorf in Grevenbroich (Nordrhein-Westfalen). Der Renault Master 90 dCi wurde als Serienfahrzeug gekauft und in Eigenarbeit ausgebaut. Baujahr: 2006
(tho)

Für die Notarztstandorte im Kreisgebiet hat der Kreis Steinfurt (Nordrhein-Westfalen) zeitgleich sieben NEF auf Basis von SUV der Marke Hyundai Modelltyp Santa Fe 2.2 CRDi GLS 4WD beschafft. Den Ausbau zum Rettungsdienstfahrzeug hat WAS getätigt. Das abgebildete Fahrzeug ist in Greven stationiert (kli)

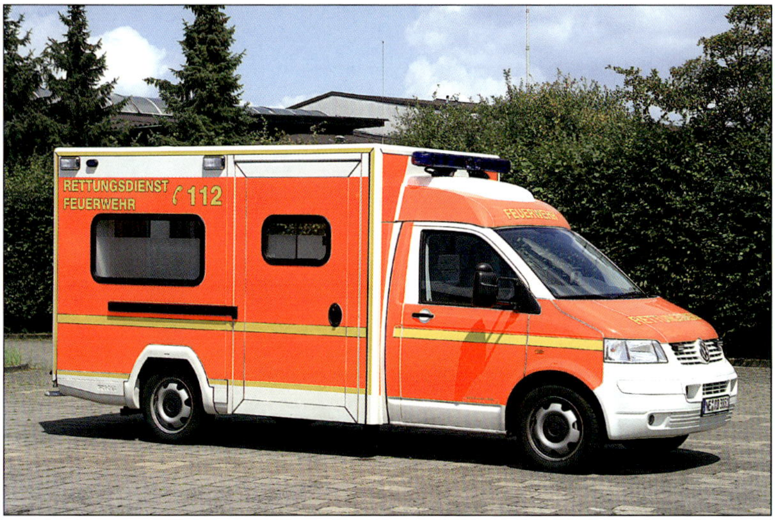

Die Feuerwehr Dormagen (Nordrhein-Westfalen) kaufte 2007 diesen KTW mit einem Kofferaufbau von RKB (Döbeln) und KFB-Ausbau. Der VW T5 verfügt über einen 96 kW leistenden Dieselmotor. Das zulässige Gesamtgewicht beträgt 3500 kg (tho)

Einen KTW auf der Basis des MB Vito 115 CDI nahm die BF Solingen Mitte 2007 in Dienst. Der Innenausbau erfolgte durch die Firma Binz (mgh)

Ein MB Sprinter der neuen Generation mit kurzem Radstand und Hochdach dient der BF Salzgitter seit Sommer 2007 als KTW. MB Sprinter 315 CDI, Ausbau Miesen
(thw)

Das erste Einsatzfahrzeug der Hamburger Feuerwehr auf der Basis des MB Sprinter 315 CDI ist dieser RTW. Er ist gleichzeitig der einzige neue Hamburger RTW, der nicht als Koffer-RTW ausgeführt ist. Die Unterkunft der RTW-Station ließ nur einen serienmäßigen Kastenwagen zu. Die Inneneinrichtung stellte die Firma Fahrtec Systeme her
(mgh)

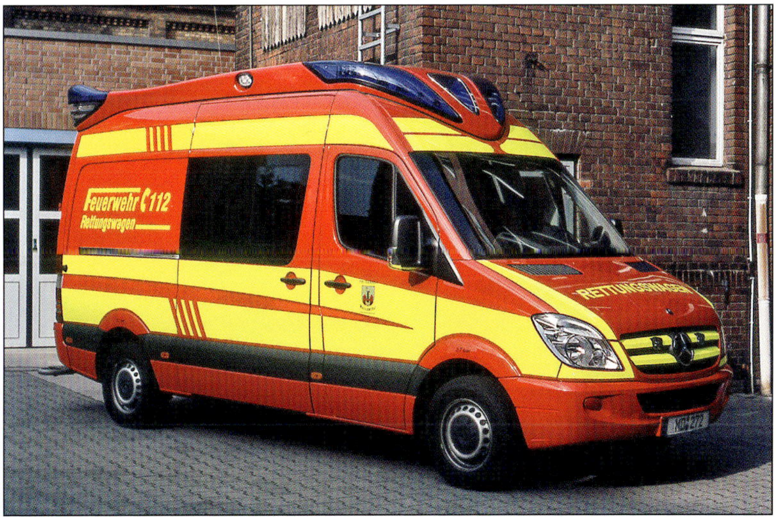

Die Firma Ambulanzmobile Systemtechnik in Schönebeck hat 2006 ein neues RTW-Modell entwickelt. Ungewöhnlich ist die Gestaltung der vorderen Dachpartie. Wohl aus diesem Grund nennt die Firma diesen RTW „Delfis“. Den Prototyp, der auf dem MB Sprinter 315 CDI basiert, erwarb die BF Magdeburg und ließ ihn am 2. Dezember 2006 zu
(mgh)

Über diesen RTW auf Basis des neuen MB Sprinter verfügt die BF Göttingen seit November 2006. Der Sprinter 418 CDI erhielt einen Kofferaufbau von WAS. Das zulässige Gesamtgewicht beträgt 4460 kg
(thw)

Einer der neuen RTW der BF Bonn (MB Sprinter 515 CDI mit WAS-Kofferaufbau) ist 2007 in der Feuer- und Rettungswache 2 (Beuel) stationiert worden
(kli)

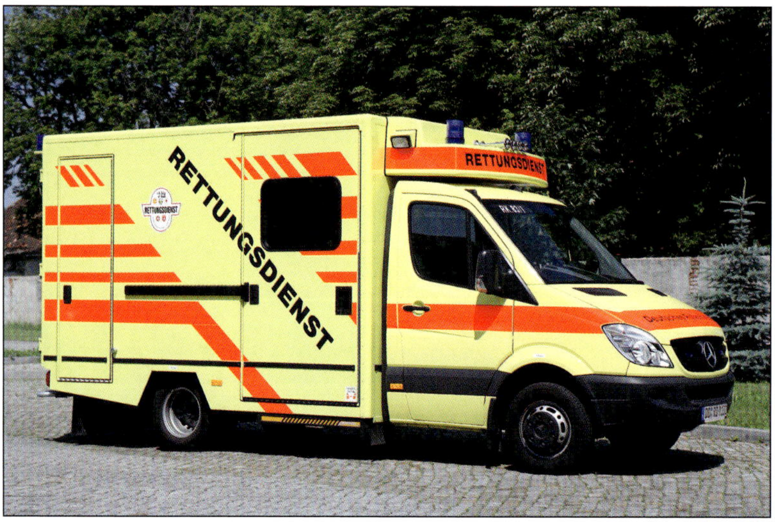

Zum gemeinsam von Hilfsorganisationen und Berufsfeuerwehr durchgeführten Rettungsdienst in der Landeshauptstadt Dresden gehört dieser RTW mit Fahrtec System-Kofferaufbau auf MB Sprinter 515 CDI aus dem Jahr 2007
(kli)

Für den Transport von Patienten mit hochansteckenden Erkrankungen hat die BF Münster im Jahr 2007 einen IRTW beschafft, den WAS auf dem MB Vario 615 D-Fahrgestell aufgebaut hat. Das Fahrzeug ist an der Feuer- und Rettungswache 1 am Yorkring stationiert
(kli)

Neben dem Standard-Einsatz erfüllt der Mehrzweck-Rettungswagen (M-RTW), den die BF Herne im Juli 2007 in Dienst genommen hat, weitere Funktionen, zum Beispiel: Beförderung adipöser Patienten, Transport von Patienten im Rollstuhl oder im Krankenhausbett sowie Unterbringung von bis zu sieben Leichtverletzten (MANV). Fahrgestell ist der Iveco EuroCargo ML 100 E 18 mit luftgefederter Hinterachse. Den Sonderaufbau stellte die GSF Sonderfahrzeugbau in Twist her. Am Heck ist eine Ladebordwand, Tragfähigkeit 1500 kg, angeordnet
(mgh)

Im Juni 2007 stellte die BF Augsburg diesen GRTW in Dienst. Ausgelegt ist dieses Fahrzeug für die Betreuung und Versorgung von 23 gehfähigen beziehungsweise vier liegenden Patienten. Als Basis für den GRTW diente ein von den Augsburger Stadtwerken übernommener MAN Stadtlinienbus des Typs SL 202/2, der im Jahr 1993 gebaut wurde
(wr)

Im Jahr 2007 hat die WF Flughafen Stuttgart einen neuen Bus, intern als MTW bezeichnet, übernommen. Der bereits 1999 gebaute Bus des Typs MB O 530 Citaro lief zuvor im Fuhrpark der Flughafengesellschaft und wurde von der Firma EvoBus umgebaut. Zur Einsatzführung ist ein Besprechungsraum mit Klapptisch, zwölf Sitzplätzen und Technik vorhanden. Zudem stehen noch bis zu 23 weitere Sitzplätze zur Verfügung
(tho)

Basis des im Dezember 2006 vom Generalunternehmer Evo-Bus GmbH ausgelieferten GRTW der BF Hannover ist ein MB Citaro O 530 Stadtbus mit zwei Türen (Innenausbau: Evolution Sonderfahrzeuge GmbH [Plattling]). Der GRTW wird bei dem Alarmstichwort „MANV" für die Behandlung/Betreuung einer größeren Anzahl von Verletzten/Erkrankten eingesetzt. Im Regelrettungsdienst bietet das Fahrzeug die Voraussetzung, schwergewichtige Patienten (bis zu 400 kg) zu transportieren. Außerdem dient der GRTW dem Interhospitaltransfer
(kli)

Die BF Bremen hat 2007 einen neuen GRTW in Dienst gestellt – Fahrgestell: Neoman Lions Regio C, Ausbau: Evolution Sonderfahrzeuge. Im Fahrzeug befinden sich vier Liegend-Behandlungsplätze sowie 28 Behandlungs-/Betreuungsplätze für leichtverletzte Personen (sitzend). Als Fahrgestell wurde ein Überlandbus gewählt, da die gesamte Materialausstattung für „MANV 1"-Einsätze (bis zwölf mittel- bis schwer verletzte Personen – Tragen, Zelt [mit Heizung], zentrale O_2-Anlage etc.) mitgeführt wird. Im Heck des Fahrzeugs befindet sich ein Dokumentations- und Führungsplatz
(kli)

Neuheiten international

von Wolfgang Rotter und Jochen Thorns

Schwerpunkt des diesjährigen internationalen Neuheitenteils ist Österreich. Gerade in der Alpenrepublik überraschen die Hersteller und die Feuerwehren immer wieder mit einem überzeugenden Design und formschönen Funktionalitäten der neu in Dienst gestellten Fahrzeuge. Allerdings hat diese Bauart auch ihren Preis: So sind die österreichischen Fahrzeuge etwa acht bis zehn Prozent teurer als vergleichbare DIN-Fahrzeuge in Deutschland.

Besonders interessant erscheinen – gerade im internationalen Vergleich – die Gruppe der österreichischen Kleinlöschfahrzeuge (KLF) und Löschfahrzeuge (LF), die in der Fünf-Tonnen-Klasse angesiedelt, auch für andere Märkte mit überwiegend Freiwilligen Feuerwehren interessant sein könnten. Denn außer einer ausreichenden feuerwehrtechnischen Beladung führen diese Fahrzeuge auch eine Tragkraftspritze und Atemschutzgeräte mit und bieten neun Einsatzkräften Platz. Häufig kommen noch fest eingebaute Einrichtungen, wie Hochdrucklöschanlagen und Löschwasserbehälter, hinzu.

Auffällig ist jedoch, das sich die Aufbauten der Feuerwehrfahrzeuge in Europa immer weiter angleichen. Dies kommt natürlich auch daher, dass immer mehr europa- oder weltweit agierende Firmen mit einheitlichen Aufbaulinien den Zuschlag einer Fahrzeugbeschaffung erhalten. Diese Firmen haben im vergangenen Jahr mehrere Großaufträge aus dem Nahen bzw. Mittleren Osten und Asien erhalten. Da sich die bestellten Fahrzeuge oft schon allein in der Farbgebung unterscheiden, werden auch in diesem Jahr wieder einige Fahrzeugauslieferungen von Herstellern im deutschsprachigen Raum an Kunden in außereuropäische Staaten gezeigt.

Dank für die Unterstützung gilt Henri de Beul, Thomas Hörl, Olaf Huth, Dr. Andreas Klingelhöller und Hans-Joachim Profeld.

GTLF 80/120-10, MAN TGA 32.460 (8x4), Fw. Saint-Avold, Aufbau: Protec-Fire, Indienststellung: 2005, Pumpe: FPN 15-8000 (Godiva), Löschwasserbehälter: 12.000 l, Schaummitteltank: 1000 l. Werferleistung: 2000 bzw. 8000 l/min Foto: Jochen Thorns

TLF 3500, MB U 500 L, Innenministerium Ungarn, Aufbau: Rosenbauer, Baujahr: 2006, Pumpe: FPN 10-2800 (NH 30), Löschwasserbehälter: 2700 l, Schaummitteltank: 100+200 l, Rotzler-Seilwinde 50 kN Foto: Jochen Thorns

FLF 70/120-15, Rosenbauer 36.705 (6x6), WF Flughafen Belfast, Aufbau: Rosenbauer, Baujahr: 2006, Pumpe: FPN 10-7000 (R 600), Löschwasserbehälter: 12.000 l, Schaummitteltank: 1500 l, Pulverlöschanlage: 135 kg (Minimax), Lichtmast. Die Flughafenfeuerwehr erhielt zwei baugleiche Fahrzeuge Foto: Jochen Thorns

MZF, Iveco Daily 55 S 18 WD (4x4), Zivilschutz Italien, Aufbau: Magirus, Baujahr: 2007. Das Fahrzeug verfügt über den werksseitigen Scam-Allradantrieb. Besatzung: 1+5. Auf der Pritsche kann ein Waldbrandmodul mit einer Hochdrucklöschanlage von Fire-Tec verladen werden Foto: Jochen Thorns

HTLF 30/40 , MB Actros 1841 (4x2), Fw. Figline Valdarno, Aufbau: BAI, Baujahr: 2005, Pumpe: FPN 10-3400 und FPH 40-450 (Godiva), Löschwasserbehälter: 4050 l, Schaummitteltank: 250 l Foto: Dr. Andreas Klingelhöller

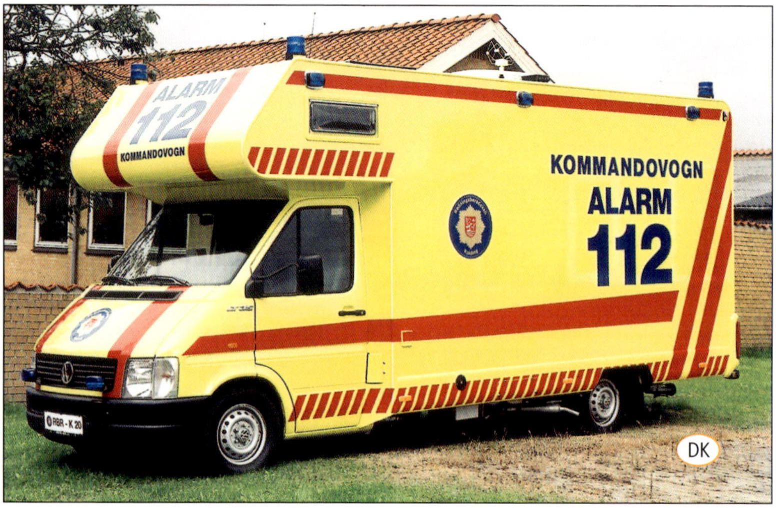

ELW 2 (Kommandovogn), VW LT 35 TDI, Kolding Redningsberedskab (Feuerwehr Kolding), Eigenausbau, Baujahr: 2005
Foto: Olaf Huth

TW 8000, Scania P 270, Feuerwehr Vamdrup, Aufbau: HMK Ringe Karosserie (Typ: RK-8000 VTV), Baujahr: 2006, Löschwasserbehälter: 8000 l, Pumpe: FPN 10-3000 (Rosenbauer R 240)
Foto: Olaf Huth

GTLF 70/120-4, MB Actros 4150 AK (8x8), BRST Sydjylland (Katastrophenschutz), Aufbau: HMK Ringe Karosserie (Typ: RK-12000 VTV), Baujahr: 2006, Löschwasserbehälter: 12.000 l, Schaummitteltank: 400 l, Pumpe: FPN 10-7000 (Rosenbauer R 600)
Foto: Olaf Huth

RW-Kran (Pionervogn), MB Actros 2032 AK (4x4), BRST Sydjylland (Katastrophenschutz), Aufbau: Sawo, Baujahr: 2006, Sepson-Seilwinde 100 kN, 24,6 m Rüstkran mit Seilwindeneinrichtung (Typ: Hiab XS 077 E-3 HI-Duo, 6,8 t maximale Hubkraft)
Foto: Olaf Huth

GW-G (CBRN-vogn), MB Actros 2032 AK (4x4), BRST Sydjylland (Katastrophenschutz), Aufbau: Ringe, Baujahr: 2006
Foto: Olaf Huth

TW 9000, MB Axor 1828 (4x2) LL, BRTS Tinglev (Technische Katastrophenschutzschule), Aufbau: Sawo, Baujahr: 2006, Löschwasserbehälter: 9000 l, Pumpe: FPN 5-1500 (Desmi)
Foto: Olaf Huth

DLK 23-12 CS, MAN LE 18.280, BF Brüssel, Aufbau: Magirus/Fire Technics, Indienststellung: 2007
Foto: Henri de Beul

TM 34 (F 34 RLX), MAN LE 18.280, BF Brüssel, Aufbau: Bronto Skylift/Maes, Baujahr: 2006
Foto: Henri de Beul

TM 36 (F 36 RLH), MB Econic 2628 LL, WF Flughafen Brüssel-Zaventem, Aufbau: Bronto Skylift/Vanassche, Indienststellung: 2005, Pumpe: FPN 10-4000 (Ziegler)
Foto: Henri de Beul

HTLF 30/25, Scania P 94 D (4x2), WF Flughafen Brüssel-Zaventem, Aufbau: Vanassche, Indienststellung: 2006, Pumpe: FPN 10-3000 + HD-Teil (Ziegler), CAFS Power Foam Pro, Löschwasserbehälter: 2500 l, Schaummitteltank: 50 l (Class A) + 100 l (Class B). Zur weiteren Ausstattung gehören Lichtmast und hydraulische Rettungsgeräte Foto: Henri de Beul

TLF 20/25-2, MB Atego 1428 F, BF Brüssel, Aufbau: Vanassche, Indienststellung: 2007, Pumpe: FPN 8-2000 + FPH 40-250 (Ziegler), Löschwasserbehälter: 2500 l, Schaummitteltank: 200 l. Die BF Brüssel stellte 2006/2007 insgesamt sieben dieser baugleichen TLF in Dienst
Foto: Henri de Beul

RW-Kran, MAN TGA 26.313, BF Brüssel, Aufbau: Somati, Baujahr: 2006
Foto: Henri de Beul

VRW, MB Sprinter 413 CDI, FF Sint Gillis, Aufbau: Vanassche, Baujahr: 2007, Hochdruck-Löschanlage (40 l/min bei 60 bar), Löschwasserbehälter: 200 l, Lichtmast (3 x 1000 W)
Foto: Henri de Beul

RTW, VW LT 35, BF Brüssel, Aufbau: Autographe, Baujahr: 2006
Foto: Henri de Beul

KDO (Einsatzleitfahrzeug), VW T5 2,5 TDI 4Motion, FF St. Agatha, Aufbau: Rosenbauer, Baujahr: 2007
Foto: Thomas Hörl

MTFA, VW T5 syncro, FF Fehring, Ausbau: Rosenbauer, Baujahr: 2007

Foto: Jochen Thorns

LF, Renault Master 160 dCi, BtF Sandoz, Schaftenau, Aufbau: Rosenbauer, Baujahr: 2006, Wassertank: 300 l, UHPS-Hochdrucklöschanlage (38 l/min bei 100 bar)

Foto: Jochen Thorns

LFA, Iveco Daily 65 C 18 (4x4) mit Achleitner-Allradantrieb, FF Wundschuh, Aufbau: Lohr-Magirus, Baujahr: 2007, Pumpe: FPN 10-1200, Hochdrucklöschanlage (95 l/min bei 70 bar), Löschwasserbehälter: 800 l, Gruppenbesatzung 1/8

Foto: Jochen Thorns

TLF 500 TS, Iveco Daily 65 C 17 (4x4) mit Achleitner-Allradantrieb, FF Feistritz, Aufbau: Lohr-Magirus, Hochdrucklöschanlage (85 l/min bei 40 bar), Löschwasserbehälter: 800 l, Staffelbesatzung 1/5, pneumatischer Lichtmast (4 x 1000 W), Tragkraftspritze

Foto: Jochen Thorns

KLF-W, Renault Midlum 180.12/C, FF Oberrussbach, Aufbau: Nusser, Baujahr 2005, keine fest eingebaute Pumpe, sondern nur TS „Fox" (im Heck hydraulisch absenkbar), Löschwasserbehälter: 1000 l, Lichtmast (4 x 1000 W) Foto: Thomas Hörl

LFB (Löschfahrzeug mit Bergeausrüstung), MAN TGL 12.240, FF Radfeld, Aufbau: Lohr-Magirus, Baujahr: 2006. Absenkbare TS 12 im Heck (keine eingebaute FP), Lichtmast (4 x 1000 Watt), Schnellangriff für elektrische Geräte. Es handelt sich um das erste Löschfahrzeug in Österreich auf dem neuen MAN-TGL-Fahrgestell Foto: Hans-Joachim Profeld

LFB-A (Löschfahrzeug mit Bergeausrüstung und Allradantrieb), Renault Midlum 220.14 4x4, FF Mitterland/Thiersee, Aufbau: Empl, Baujahr 2005, Löschwasserbehälter: 700 l, Hochdrucklöschanlage (70 l/min bei 40 bar), Lichtmast (4 x 1000 Watt). Im Heck ist ein Saugstellenblock mit TS 12 sowie eine große B-Schlauchhaspel mit 20 B-Druckschläuchen eingebaut

Foto: Hans-Joachim Profeld

LFA, Iveco Magirus 140 E 28 WE, FF Mürzzuschlag, Aufbau: Lohr-Magirus, Baujahr: 2006, Löschwasserbehälter: 400 l, Hochdrucklöschanlage, Lichtmast (4 x 1000 W), Rotzler-Seilwinde 50 kN. Im Aufbau befindet sich ein Schlauchcontainer mit 30 B-Druckschläuchen in Buchten zur Verlegung während der Fahrt

Foto: Jochen Thorns

TLFA 2000, MB Atego 1325 AF, BF Innsbruck, Aufbau: Empl, Baujahr: 2006, Löschwasserbehälter: 2000 l; Pumpe: FPN 10-2400 und FPH 40-400, Lichtmast (4 x 1000 W)
Foto: Hans-Joachim Profeld

TLFA 2000/200, MAN TGM 13.280 4x4 BL, FF Irndorf, Aufbau: Rosenbauer, Baujahr 2007, Pumpe: NH 30 (FPN 10-2000 und FPH 40-250), Löschwasserbehälter: 2000 l, Schaummitteltank: 200 l, Dachwerfer: RM 24, Lichtmast (4 x 1000 W), Rotzler-Seilwinde 50 kN
Foto: Hans-Joachim Profeld

TLFA 3000/200, Volvo FM 340 4x4, FF Reith im Alpbachtal, Aufbau: Seiwald, Baujahr: 2007, Pumpe: FPN 10-3000 und FPH 40-400 (Ziegler); Löschwasserbehälter: 3000 l, Schaummitteltank: 200 l, Lichtmast (4 x 1500 Watt). Besonderheiten: Schaumwasserwerfer auf dem Dach sowie fernsteuerbare Leiterabsenkung für die dreiteilige Schiebleiter
Foto: Hans-Joachim Profeld

TLFA 3000/600, Scania P 380, BF Innsbruck, Aufbau: Rosenbauer, Baujahr: 2006, Pumpe: FPN 10-3000 und FPH 40-250, Löschwasserbehälter: 3000 l, Schaummitteltanks: 400 l (AFFF) und 200 l (Mehrbereichsschaummittel),Lichtmast (4 x 1500 Watt), Dachwerfer, Rotzler-Seilwinde 80 kN

Foto: Hans-Joachim Profeld

TLFA 3000, Volvo FM 400, FF Pernegg/Mur, Aufbau: Rosenbauer, Baujahr: 2006, Pumpe: FPN 10-2400 und FPH 40-250, Löschwasserbehälter: 3000 l, Lichtmast, Rotzler-Seilwinde 50 kN

Foto: Jochen Thorns

TLFA 3000-200, Iveco AD 190 T 31 W 4x4 Trakker, FF Inzing, Aufbau: Lohr-Magirus, Baujahr: 2006, Pumpe: EFPH 230 (Magirus), FireDos FD 1000-Schaumzumischsystem, Löschwasserbehälter: 3000 l, Schaummitteltank: 200 l, Dachwerfer, Lichtmast (2 x 1500 W)

Foto: Jochen Thorns

RLF-T 2400/200 (Rüstlöschfahrzeug-Tunnel), MAN TGA 18.410 4x4 BB, Aufbau: Rosenbauer, BtF Felbertauern AG (für den Felbertauerntunnel), Baujahr: 2006, Pumpe: FPN 10-3000 und FPH 10-250, Löschwasserbehälter: 7400 l, Schaummitteltank: 150 l, Rotzler-Seilwinde 50 kN, Dachwerfer RM 25 E, Frontwefer RM 8 E Foto: Jochen Thorns

DLA(K) 23-12 CS, MAN LE 15.280, BF Salzburg, Aufbau: Magirus, Baujahr: 2006
Foto: Thomas Hörl

DLA(K) 23-12 CS, MB Econic 1828 LL, FF Rohrbach, Aufbau: Magirus, Baujahr: 2006
Foto: Hans-Joachim Profeld

DLA (K) 23-12, MB Econic 1828 L, FF Fügen, Aufbau: Metz, Baujahr: 2007. Es handelt sich um die weltweit erste ausgelieferte neue L32 von Metz
Foto: Hans-Joachim Profeld

DLK 37 CS, MAN TGM 15.280, FF Steyr, Aufbau: Magirus, Baujahr: 2007
Foto: Hans-Joachim Profeld

TLK 23-12, Volvo FM 12 (4x4), FF Bad Goisern, Aufbau: Ziegler/Bronto Skylift, Baujahr: 2005
Foto: Thomas Hörl

VF-A (Versorgungsfahrzeug-Allrad), MB Axor 1833 A 4x4, Landesfeuerwehrkommando Salzburg, Aufbau: Seiwald/Schraml, Baujahr: 2007, Palfinger-Ladekran PK 12502, Ladebordwand Palfinger (1500 kg). Das Versorgungsfahrzeug wird auch zu Fahrschulzwecken heran gezogen und verfügt daher auch über Pedale für den Beifahrer
Foto: Thomas Hörl

FwK 45, Liebherr LTM 1045-3, BF Innsbruck, Baujahr: 2006. Kranfahrgestell mit 6-Zylinder-Dieselmotor 270 kW, zwei Rotzler-Bergewinden 80 kN
Foto: Hans-Joachim Profeld

KTW, MB Sprinter 311 CDI, BtF Flughafen Salzburg, Aufbau: Karosserie Wallner, Baujahr: 2006
Foto: Thomas Hörl

HLF 2200, MB Atego 1628 AF, Civil Defense Katar, Aufbau: RFT, Baujahr: 2007, Pumpe: FPN 10-3000 und FPH 40-250, Löschmittelbehälter: 2000 l, Schaummitteltank: 220 l, Rotzler-Seilwinde 50 kN
Foto: Jochen Thorns

DLK 37, Iveco Magirus 150 E 28, Civil Defense Dubai, Aufbau: Magirus, Baujahr: 2007. Das Fahrzeug verfügt über einen Fahrstuhl am Leitersatz
Foto: Jochen Thorns

TM 54, Iveco Trakker 440, Civil Defense Dubai, Aufbau: Magirus (Typ: ALP 540), Baujahr: 2007, Pumpe: FPN 10-4000, Schaumzumischsystem
Foto: Jochen Thorns

TLF 30/50, Iveco Trakker 380, Innenministerium Jordanien, Aufbau: Magirus Mezzi Speciali, Baujahr: 2007, Pumpe: FPN 10-3100 und FPH 40-400, Löschwasserbehälter: 4500 l, Schaummitteltank: 500 l, Molinari-Schneepflug Foto: Jochen Thorns

DLK 55 CS, MB Actros 2636, Fw. Luangyang, Aufbau: Magirus, Baujahr: 2007. Das Fahrzeug verfügt über einen Fahrstuhl am Leitersatz
Foto: Jochen Thorns

Der neue Sprinter

Erste Fahrzeuge bei der Feuerwehr im Einsatz

von Jochen Thorns

Eine markante Schnauze: Die neuen Sprinter sind dem Konzerndesign angepasst Fotos: Jochen Thorns

Im Frühsommer 1995 startete Mercedes-Benz die Sprinter-Produktion mit einer großen Werbekampagne[1]. Nach elf Jahren und mehr als 1,3 Millionen verkauften Fahrzeugen hat der Stuttgarter Konzern den Transporter komplett überarbeitet. Der Serienanlauf des „neuen Sprinters" erfolgte im April 2006. Seit Herbst 2006 hat der Mercedes-Benz Sprinter langsam auch Einzug bei den Feuerwehren in Deutschland gehalten. Mehrmonatige Lieferzeiten der Fahrzeuge führten hier zu Verzögerungen – Mercedes-Benz hatte den Erfolg des Fahrzeugstyps offensichtlich unterschätzt.

Schon optisch sieht der neue Sprinter völlig anders aus: Mit einer komplett überarbeiteten und an die Formensprache der Marke Mercedes-Benz angepassten Front, mandelförmigen Scheinwerfern und dem grobgerippten Kühlergrill finden sich die auch von anderen Modellreihen bekannten Elemente wieder. Nach Herstellerangaben ergeben sich aus der Kombination von Radständen, Längen, Höhen, Gewichten sowie Motor- und Getriebekombinationen rund 1000 Grundmodelle.

Der neue Sprinter ist in drei Radständen, vier Längen und drei Dachvarianten in der Tonnageklasse zwischen 3,0 und 5,0 Tonnen zulässigem Gesamtgewicht erhältlich. Wie schon bei der Vorgängerversion gibt es einen kurzen (in der Mercedes-Sprache als „Kompakt" bezeichnet) Radstand von 3250 Millimetern, einen mittleren Radstand („Standard") von 3665 Millimetern und einen langen Radstand („Lang") von 4325 Millimetern. Bei den Hochdachvarianten der Kastenwagen gibt es dazu erstmals noch die Version „Extralang", die zwar nur mit dem langen Radstand versehen ist, jedoch einen deutlich längeren hinteren Überhang als die Lang-Version hat, sodass die Gesamtlänge um 40,5 Zentimeter größer ist. Besonders bemerkenswert ist hierbei das Ladevolumen von 17,0 Kubikmetern.

Bei den Fahrzeugdächern hat der Kunde die Auswahl zwischen dem Normaldach, dem Hochdach und dem so genannten Superhochdach. Die Stehhöhen betragen dabei am Fahrzeugheck 1650, 1940 bzw. 2140 Millimeter. Beim Kombifahrzeug, also der verglasten Busausführung, sind jedoch nur das Normal- und das Hochdach lieferbar.

Direkt ab Werk kann der Kunde übrigens auch eine Omnibus-Variante unter dem Namen „Sprinter City" bestellen, auch wenn dies wohl die wenigsten Feuerwehren tun werden. Das Fahrzeug bietet 22 (Sprinter City 35) oder 28 Fahrgästen (Sprinter City 65) Platz und hat ein zulässiges Gesamtgewicht von 5000 bzw. 5500 Kilogramm.

Als Motor findet vor allem der Dieselmotor OM 646 DELA Verwendung. Der Vier-Zylinder-Common-Rail-Motor mit Direkteinspritzung, Turbolader und Ladeluftkühlung bietet 2148 Kubikzentimeter Hubraum und ist in vier Leistungsstufen erhältlich (kW/PS): 65/88, 80/109, 95/129 und 110/150. Entsprechend lauten die Typenbezeichnungen beispielsweise auch 209 CDI, 311 CDI, 313 CDI oder 315 CDI. Das neue Spitzentriebwerk der Dieselmotorpalette ist der OM 642 DELA mit einem Aluminium-Kurbelgehäuse. Der V6-Common-Rail-Motor leistet mit sechs Zylindern und einem Hubraum von 2987 Kubikzentimetern 135 Kilowatt (184 PS) 3800 min^{-1}. Die Dieselmotoren erfüllen die Euro-4-Abgasnorm und verfügen serienmäßig über einen Dieselpartikelfilter. Der leistungsstärkste Motor im Sprinter ist der V6-Benzinmotor M 272 E 35, der aus 3498 Kubikzentimetern Hubraum 190 Kilowatt (258 PS) bei 5900 min^{-1}

Den „kompakten" Radstand von 3250 mm hat dieses MTF der FF Bensheim (Baujahr 2007) auf einem MB Sprinter 315 CDI mit einem zulässigen Gesamtgewicht von 3200 kg. Der Ausbau ist die Serienausstattung, die von einer örtlichen Vertretung ergänzt wurde

Die FF Heidenheim stellte 2006 diesen MB auf MB Sprinter 311 CDI in Dienst. Ausbau: Hensel. Die seitliche Rammschutzleiste kann übrigens ab Werk in weißer Lackierung bestellt werden
Foto: Wolfgang Rotter

MTW der FF Filderstadt, Abt. Sielmingen. Barth baute das Fahrzeug 2007 auf einem MB Sprinter 315 CDI mit Standard-Radstand und Hochdach aus

Typ	Motorleistung [kW/PS]	Hubraum [cm³]	zGG [kg]	Verfügbar als Kastenwagen, Fahrgestell, Pritsche	Kombi
209 CDI	65/88	2148	3000	■	
211 CDI	80/109	2148		■	■
213 CDI	95/129	2148		■	
215 CDI	110/150	2148		■	■
218 CDI	135/184	2987		■	
224	190/258	3498		■	
309 CDI	65/88	2148	3500	■	
311 CDI	80/109	2148		■	■
313 CDI	95/129	2148		■	
315 CDI	110/150	2148		■	■
318 CDI	135/184	2987		■	
324	190/258	3498		■	■
411 CDI	80/109	2148	4600	■	
415 CDI	110/150	2148		■	
418 CDI	135/184	2987		■	
424	190/258	3498		■	
509 CDI	65/88	2148	5000	■	
511 CDI	80/109	2148		■	
515 CDI	110/150	2148		■	
518 CDI	135/184	2987		■	
524	190/258	3498		■	

leistet. Allerdings ist die ganze Motorenpalette nur bei den Kastenwagen, den Pritschenwagen und den Fahrgestellen erhältlich. Das Kombifahrzeug – im Feuerwehrbereich sicherlich die am meisten gewählte Ausführung, zum Beispiel bei MTW und ELW 1 – ist nur mit dem 80- und dem 110-Kilowatt-Dieselmotor und Benzinmotor lieferbar. Der Antrieb erfolgt beim Sprinter grundsätzlich über die Hinterachse, wobei die Kraftübertragung bei den Dieselmotoren serienmäßig mit einem Sechs-Gang-Schaltgetriebe erfolgt. Fahrzeuge mit dem Benzinmotor sind mit einem vollautomatischen Fünf-Gang-Automatikgetriebe ausgestattet, das auf Kundenwunsch auch bei den Dieselfahrzeugen gewählt werden kann. Drei verschiedene Achsübersetzungen pro Modell erlauben eine feinstufige Anpassung des Fahrzeugs an die Aufgabenstellung. Das bisher bekannte automatisierte Schaltgetriebe Sprintshift ist nicht mehr lieferbar.

Einen serienmäßigen Allradantrieb ab Werk gab es bis Redaktionsschluss noch nicht; bei Bedarf musste eine Zulieferfirma den Allradantrieb einbauen. Der bisher einzige bekannt gewordene neue Allrad-Sprinter ging an die Freiwillige Feuerwehr Stratzing (Österreich), die ein Mannschaftstransportfahrzeug bei Lohr-Magirus ausbauen ließ. Den Allradantrieb steuerte die Firma Achleitner bei.

Die Sprinterproduktion erfolgt – wie beim Vorgängermodell – wieder in Kooperation mit VW, sodass Mercedes-Benz Sprinter und VW Crafter auf der gleichen Plattform entstehen. Die Produktion der Sprinter-Kastenwagen und -Kombis erfolgt im Werk Düsseldorf. Im Juni 2006 startete zudem die Produktion der Pritschenwagen und der Fahrgestelle auf der komplett neu errichteten Fertigungslinie im Werk Ludwigsfelde in der Nähe Berlins.

Im März 2007 lief schließlich auch die Produktion im Ausland an. Für den amerikanischen Markt baut Mercedes-Benz die Fahrzeuge unter den Marken Dodge und Freightliner in der Version als Kastenwagen, Kombi und Fahrgestell in drei Längen bzw. Dachhöhen mit Diesel- und Benzin-Sechs-Zylindermotoren im Werk in Ladson bei Charleston (USA/South Carolina). Die Jahreskapazität beträgt hier 32.000 Einheiten. Das seit 2001 für die Sprinter-Montage in den USA genutzte Werk in Gaffney war mit einer um 10.000 Stück niedrigeren Jahreskapazität für die Nachfrage zu klein geworden.

Der Sprinter als Feuerwehrfahrzeug

Von Hubrettungsfahrzeugen einmal abgesehen, gab es kaum einen Fahrzeugtyp, der nicht auf einem Mercedes-Benz Sprinter der Vorgängerversionen aufgebaut worden wäre. Und dieser Trend scheint sich auch für die neue Sprinter-Generation zu bestätigen. Bis zum Redaktionsschluss dieses Jahrbuches sind

ELW 1 der FF Horb am Neckar, MB Sprinter 315 CDI/Schmidt (Nastätten), Baujahr 2006. Auch dieses Fahrzeug verfügt über den Standard-Radstand und das Hochdach

RTW der BF Dessau. WAS wählte als Basisfahrgestell für den RTW-Koffer den MB Sprinter 415 CDI. Baujahr: 2006
Foto: Wolfgang Rotter

Rosenbauer ist derzeit der einzige Hersteller, der TSF auf dem neuen MB Sprinter anbietet. Das 2006 gebaute Vorführfahrzeug basiert auf einem MB Sprinter 311 CDI

dem Autor 93 Feuerwehrfahrzeuge auf Basis des neuen Sprinters bekannt geworden. Bei den meisten Fahrzeugen, nämlich genau 37 Stück, handelt es sich um Mannschaftstransportwagen (MTW) oder Mehrzweckfahrzeuge (MZF). Außerdem wurden zehn Einsatzleitwagen aufgebaut.

Interessant ist auch, dass der „Standard"-Radstand von 3665 Millimetern sowie das Hochdach so etwas wie die Standard-Konfiguration im Feuerwehrbereich sein könnte, haben doch 41 der 93 Feuerwehren diese Ausführung gewählt. Dies ist jedoch nicht verwunderlich, da sich diese Ausführung gut für den Ausbau von ELW 1, MTW, MZF, RTW, KLAF etc. eignet.

Die neuen Mercedes-Benz Sprinter sind im Rettungsdienstbereich bereits stark vertreten, unter anderem auch deshalb, weil im Freistaat Bayern 90 so genannte Bayern-RTW auf Sprinter 515 CDI mit Kofferaufbauten von der Wiethmarscher Ambulanz- und Sonderfahrzeug GmbH (WAS) ausgeliefert worden sind, die insbesondere vom Bayerischen Roten Kreuz genutzt werden. Aber auch die Berufsfeuerwehr München hat ein solches Fahrzeug im Einsatz. Mit einen der ersten Rettungswagen auf dem neuen Sprinter erhielt die Feuerwehr Hamburg, übrigens aufgrund der Raumproblematik der Rettungswache auf der Basis eines Kastenwagens mit Fahrtec-Ausbau. Weitere RTW sind unter anderem bei den Berufsfeuerwehren Bonn, Braunschweig, Dessau, Dresden, Göttingen und Magdeburg, bei den Werkfeuerwehren Vattenfall, Daimler-Chrysler und Flughafen Leipzig-Halle sowie bei der Brandweer Kruishoutem in Belgien im Einsatz. Auch der dänische Dienstleister Falck, der in zahlreichen dänischen Kommunen den Rettungsdienst und die Feuerwehrdienste durchführt, hat bereits zwei Rettungsdienstfahrzeuge auf dem neuen Sprinter im Einsatz: einen RTW und einen Baby-Rettungswagen. Beide Fahrzeuge sind auf dem Kastenwagen des Typs 315 CDI mit dem „Standard"-Radstand und Hochdach realsiert worden. Die Ausbauten stammen von der polnischen Firma AMZ-KUTNO, die seit 1999 in Kutno Rettungsdienst-, Polizei- und Militärfahrzeuge sowie Minibusse produziert. Einen KTW mit Hospimobil-Ausbau setzt die Feuerwehr Würselen ein, einen KTW mit Miesen-Ausbau die Berufsfeuerwehr Salzgitter und zwei Sprinter 211 CDI mit KFB-Ausbau die Feuerwehr Bergisch Gladbach.

Löschfahrzeuge sind auf dem neuen Sprinter-Fahrgestell bisher sehr selten, vermutlich auch deshalb, weil das Fahrgestell aufgrund der erhöhten Sicherheits- (Crashtest-) und Abgasvorschriften je nach Ausführung um bis zu etwa 200 Kilogramm schwerer als der Vorgänger ist. Dies führt gerade in der für Stückzahlen wichtigen Klasse der Kleinlösch- und Tragkraftspritzenfahrzeuge – eine Domäne des Vorgängers – dazu, dass die normativ vorgeschriebenen zulässigen Gesamtmassen nicht eingehalten werden können. Bei Redaktionsschluss hat allein Rosenbauer ein der DIN 14530-16 entsprechendes Fahrzeug im Programm gehabt. Rosenbauer baute das Vorführ-TSF auf einem Kastenwagen des Typs 311 CDI in der so genannten CompactLine (CL-Baureihe) auf, und wich damit wie beim Vorgängerfahrzeug bereits seit 2005 von der bekannten Kofferaufbau-Lösung ab. Der Kofferaufbau war beim TSF Anfang der 1990er-Jahre aber gerade aus Gründen des Insassenschutzes bei Unfällen eingeführt worden, weil es mehrere Unfälle gegeben hatte, bei denen die im Mannschaftsraum mitgeführten feuerwehrtechnischen Geräte zu Verletzungen führten. Nun hat Rosenbauer zwar eine Sicherheitstrennwand zwischen dem Mannschafts- und dem Geräteraum eingesetzt; noch immer befinden sich aber diverse Geräte auch im Mannschaftsraum. Auch hinsichtlich des Gewichtes ist das Fahrzeug nach Firmenangaben ausgereizt, sodass beispielsweise auf die Innenwandverkleidungen verzichtet werden muss.

Das Kleinlöschfahrzeug (KLF) nach der österreichischen Norm bieten die österreichischen Hersteller Rosenbauer und Lohr-Magirus ebenfalls auf dem Kastenwagen an. Das Rosenbauer-Vorführfahrzeug basierte auf einem Sprinter 515 CDI, die von Lohr-Magirus ausgelieferten drei Fahrzeuge auf den Typen 315 CDI und 515 CDI. Mit einem Sonderaufbau werden hingehen die Löschfahrzeuge (LF) und die Sondervarianten der Löschfahrzeuge, wie KLF-W, von den österreichischen Herstellern versehen. Einen solchen Sonderaufbau erhielt auch das neue Kleinlöschfahrzeug-Tunnel, das die Freiwillige Feuerwehr Dillenburg bei Empl beschaffte. Vorausrüstwagen haben bisher die Freiwilligen Feuerwehren Nossen (Sachsen) und Torgelow (Mecklenburg-Vorpommern) erhalten.

Eine Auswahl neuer Feuerwehrfahrzeuge auf Basis des neuen Mercedes-Benz Sprinters ist auch im Neuheitenteil dieses Jahrbuches enthalten.

[1] Siehe auch: Thorns, J.: Mercedes-Benz Sprinter – Die Schnellfeuerwehr, Jahrbuch Feuerwehrfahrzeuge 1999; Seite 67 – 82.

Nach österreichischen Bauvorschriften gestaltete Rosenbauer dieses KLF auf MB Sprinter 515 CDI. Es bietet neuen Einsatzkräften Platz und führt im Wesentlichen die TSF-Beladung sowie einen tragbaren Stromerzeuger mit. Das Vorführfahrzeug wurde 2007 gebaut

Dieses KLF nach österreichischen Bauvorschriften hat Rosenbauer mit einem CL-Aufbau mit integriertem Mannschaftsraum versehen. Das Vorführfahrzeug auf MB Sprinter 515 CDI wurde 2007 gebaut

Die FF Dillenburg erhielt dieses KLF-Tunnel auf einem MB Sprinter 515 CDI mit Empl-Aufbau. Baujahr: 2007. Löschtechnische Ausstattung: FPN 10-1000, 400-l-Löschwasserbehälter
Werkfoto

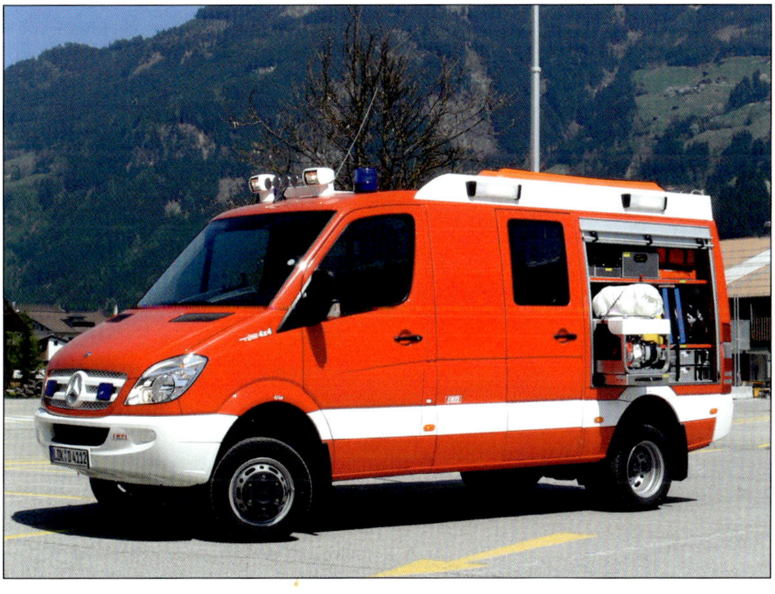

Nordlichter

Die Fahrzeuge der Freiwilligen Feuerwehr Winsen/Luhe

Das erste Feuerwehrfahrzeug der Freiwilligen Feuerwehr Winsen/Luhe: eine Autospritze, die vermutlich von Koebe auf einem Gräf & Stift-Fahrgestell aufgebaut wurde
Foto: Archiv FF Winsen

von Burkhard Giese und Wolfgang Rotter

Etwa 30 Kilometer südöstlich von Hamburg liegt die Kreisstadt Winsen/Luhe. In Winsen ist auch der Verwaltungssitz des niedersächsischen Landkreises Harburg. Die Geschichte der Stadt geht zurück bis zur Mitte des 11. Jahrhunderts. Bedingt durch die Gemeindereform im Jahr 1972, als 13 kleinere Gemeinden eingemeindet wurden, wuchs Winsen zur zweitgrößten Stadt des Landkreises Harburg heran. Heute hat die Stadt Winsen etwa 35.000 Einwohner.

Im Jahr 1863 wurde die Freiwillige Feuerwehr Winsen/Luhe als Turnerfeuerwehr gegründet. Das erste Feuerwehrgerätehaus an der Wallstraße wurde im Jahr 1901 bezogen. Die Motorisierung begann im Jahr 1926 mit einer Autospritze, die vermutlich von der Firma Koebe (Luckenwalde) auf ein österreichisches Gräf & Stift-Fahrgestell aufgebaut wurde. Leider ist nicht überliefert, wie lange diese Autospritze im Dienst stand. Als zweites Fahrzeug wurde zu Beginn der 1930er-Jahre ein schwerer Mercedes-Benz-Pkw beschafft. Dieser war mit einer Magirus-Tragkraftspritze des Typs „Goliath" und zwei Schlauchhaspeln sowie den notwendigen wasserführenden Armaturen beladen. Auch über dieses Fahrzeug ist im Archiv der Feuerwehr Winsen nichts mehr zu finden.

Auf einem schweren Mercedes-Benz-Pkw basierte diese Autospritze. Auf dem Heck des Fahrzeugs ist eine Magirus-Tragkraftspritze verladen
Foto: FF Winsen

Diese KzS 8 war bis 1960 im Einsatz und zog einen vermutlich selbstgebauten TSA
Foto: FF Winsen

Von 1943 bis 1970 stand dieses SLG im Einsatzdienst der FF Winsen Foto: FF Winsen

Ebenfalls bis zu Jahr 1960 wurde dieses LLG mit dem dazugehörigen TSA eingesetzt Foto: FF Winsen

Im Jahr 1943 bekam die Freiwillige Feuerwehr Winsen ein Schweres Löschgruppenfahrzeug (SLG) – aufgebaut auf einem Klöckner-Humboldt-Deutz-Fahrgestell des Typs S 3000 und mit einem wassergekühltem Deutz Dieselmotor F 4 M 513 ausgerüstet. Der Aufbau wurde von Magirus gefertigt. Ausgestattet war das Fahrzeug mit einer Feuerlöschkreiselpumpe des Typs FP 15/8 und einem 400 l fassenden Löschwasserbehälter. Lackiert war das Fahrzeug gemäß den „Anordnungen über den Bau von Feuerwehrfahrzeugen – Heft 2- SLG" in dem Farbton Dunkelgrün „30 RAL 840 B2". Kurz nach der Indienststellung erfolgte für das SLG (später: LF 15) die erste große Bewährungsprobe während der zahlreichen Einsätze in der benachbarten Hansestadt Hamburg nach der „Operation Gomorrha". Nach dem Ende des Zweiten Weltkriegs wurde das Fahrzeug zunächst noch in grüner Farbgebung weiter eingesetzt. Erst zu Beginn der 1950er-Jahre erfolgte eine Neulackierung in RAL 3000 (Feuerrot). Später wurden noch die blauen Kennleuchten durch eine Rundumkennleuchte ersetzt. Als sich zum Ende der 1960er-Jahre die Reparaturen am Fahrgestell häuften und die Ersatzteilversorgung immer schwieriger wurde, stell-

Insgesamt 40 Jahre stand das 1966 beschaffte TLF 16 bei der FF Winsen im Einsatzdienst Foto: Wolfgang Rotter

Der Fuhrpark der FF Winsen im Jahr 1967 (v.l.n.r.): ELW auf Basis VW T1, das 1960 gebaute LF 8-TS, das SLG von 1943 sowie das 1966 in Dienst gestellte TLF 16 (T) Foto: Peter Kuhlmann

te die Feuerwehr Winsen das Fahrzeug im Jahr 1970 außer Dienst. Es wurde verschrottet. Zuvor wurde noch die FP 15/8 ausgebaut. Sie wurde von einem Winsener Feuerwehrmann noch viele Jahre im stationären Betrieb weiter genutzt.

Nach dem Ende des Krieges waren noch eine Kraftzugspritze KzS 8 und ein leichtes Löschgruppenfahrzeug (LLG) in den Besitz der Freiwilligen Feuerwehr Winsen gelangt. Die bereits im Jahr 1939 auf einem Opel-Blitz-Fahrgestell aufgebaute KzS 8 diente neben dem Mannschaftstransport auch zum Ziehen eines vermutlich selbst konstruierten Tragkraftspritzenanhängers. Das LLG basierte auf einem Mercedes-Benz-Chassis des Typs L 1500 S und wurde im Jahr 1943 gebaut. Auch zum LLG gehörte ein Tragkraftspritzenanhänger. Beide Fahrzeuge waren bis zum Jahr 1960 in Winsen im Einsatz.

Im Jahr 1951 beschaffte die Stadt Winsen eine Anhängeleiter mit 17 Metern Steighöhe, die von Magirus geliefert wurde. Bis zur Beschaffung der Drehleiter im Jahr 1973 war die Anhängeleiter im ständigen Einsatzdienst der Winsener Feuerwehr. Danach wurde sie zur Reserveleiter und wurde nur noch auf besondere Anweisung eingesetzt. Nach einer schweren Beschädigung im Jahr 1984 und einer Reparatur durch die Firma Magirus war die Leiter weiterhin im Dienst. Im Frühsommer 2006 kam jedoch das endgültige Aus für das betagte Gerät. Bei der jährlichen Prüfung durch einen Sachverständigen wurden schwerwiegende Mängel festgestellt. Eine Reparatur lohnte sich aufgrund der hohen Kosten nicht mehr, sodass die Leiter im Sommer 2006 verschrottet wurde.

Die erste Fahrzeug-Neubeschaffung stand im Jahr 1960 auf dem Plan. Als Ersatz für das LLG und die KzS 8 wurde ein den damals gültigen Baurichtlinien entsprechendes LF 8-TS beschafft. Als Fahrgestell diente ein Ford des Typs FK 2500. Der feuerwehrtechnische Ausbau wurde von der inzwischen nicht mehr existierenden Firma Arve in Springe bei Hannover ausgeführt. Das LF 8-TS war bis 1977 in Winsen im Einsatz und wurde danach zur Ortsfeuerwehr Bahlburg umgesetzt. Rund zehn Jahre später diente das Fahrzeug als Vorbild für einen Modellbausatz der Böblinger Firma Kibri. Nachdem es 1989 außer Dienst gestellt wurde, gelangte es in die Sammlung des Feuerwehrmuseums Marxen.

Im Juni 1966 lieferte Magirus an die Stadt Winsen ein Tanklöschfahrzeug TLF 16 aus. Aufgebaut wurde das Fahrzeug auf einem Allradfahrgestell der Baureihe F Mercur 150 D 10 A. Die Förderleistung der „midships" eingebauten Feuerlöschkreispumpe betrug 1600 l/min bei 8 bar. Der Inhalt des Löschwasserbehälters betrug 2800 Liter. Zusätzlich war im vorderen Bereich des Aufbaudaches ein Wenderohr vorhanden, das mit Wasserdruck ausgefahren werden konnte. Dieses Fahrzeug wurde von nun an für zwei Jahrzehnte das Erstangriffsfahrzeug der Winsener Feuerwehr für die Einsätze zur Brandbekämpfung. Bei der Auslieferung waren die Kotflügel und der Stoßfänger wie damals üblich schwarz lackiert. Anfang der 1970er-Jahre wurden diese weiß gespritzt. Während der Waldbrandkatastrophe in der Lüneburger Heide 1975 fuhr die Feuerwehr Winsen mit dem TLF 16 den längsten Einsatz ihrer Geschichte. Das TLF 16 blieb bis zum Winter 2006 im Einsatzdienst und wird heute als Traditionsfahrzeug erhalten.

Vier Jahre später wurde das betagte SLG (LF 15) durch ein LF 8 schwer ersetzt. Auch hier kam wieder die Firma Magirus zum Zug. Als Fahrgestell diente ein einzelbereiftes Magirus Frontlenker-Fahrgestell mit

Von 1974 bis 1990 wurde dieser VW T 2 als ELW (Eigenausbau) genutzt Foto: Jochen Thorns

Das derzeit älteste Fahrzeug im Fuhrpark der FF Winsen: der 1977 beschaffte RW 2 Foto: Wolfgang Rotter

der Bezeichnung 110 D 7 FA. Die Feuerlöschkreiselpumpe mit einer Leistung von 800 l/min bei 8 bar wurde als Vorbaupumpe ausgeführt. Im Heck war eine Tragkraftspritze TS 8/8 eingeschoben, die ebenfalls von Magirus stammte. Aufgrund des steigenden Einsatzaufkommens im Bereich der Technischen Hilfeleistung wurde auf dem LF 8 auch die „THL-Ausrüstung“ untergebracht. Mit der in Dienststellung eines Rüstwagens im Jahr 1977 war dies dann nicht mehr notwendig. Die nun vorhandene Gewichtsreserve des LF 8 wurde für die Unterbringung von zusätzlichem Schlauchmaterial genutzt. Bei der Feuerwehr Winsen war das LF 8 schwer bis 1984 im Dienst und wurde dann, nachdem ein LF 16-TS des Katastrophenschutzes übernommen wurde, an die Ortsfeuerwehr Borstel abgeben.

Bedingt durch die Gebietsreform im Jahr 1972, bei der 13 bislang selbstständige Gemeinden eingemeindet wurden, war die Feuerwehr Winsen nun nicht mehr eine eigenständige Feuerwehr, sondern „nur“ noch eine von 13 Ortsfeuerwehren innerhalb der neuen „Stadtfeuerwehr Winsen/Luhe“. Gleichzeitig wurde sie aber auch zur Stützpunktwehr für das gesamte Stadtgebiet ernannt. Ein Jahr später erhielt die Feuerwehr Winsen ihre erste Drehleiter, damals noch als DL 30 h bezeichnet. Bei der Drehleiter handelte es sich um ein ehemaliges Vorführfahrzeug der Firma Magirus. Als Besonderheit verfügte das auf einem Magirus-Deutz-Fahrgestell des Typs 170 D 12F aufgebaute Fahrzeug über eine Kraneinrichtung mit einer Hubkraft von 30 kN. Weiterhin war diese Drehleiter bereits mit einer elektronischen Bodendrucküberwachung ausgestattet. Als Abstützung diente eine hydraulische Schrägabstützung. Zwei Jahre nach der Indienstnahme hatte die Drehleiter bei einem Gebäudebrand in der Altstadt von Winsen ihre erste große Bewährungsprobe. Weitere sollten folgen. Nachdem im Jahr 2005 eine neue Drehleiter beschafft wurde, verkaufte man die alte DL 30 h an die Feuerwehr Feramunde in Portugal.

Links: Dieser Führungskraftwagen (FüKW) wurde 1989 vom Katastrophenschutz bei der FF Winsen stationiert Rechts: 1981 stationierte der Landkreis Harburg dieses Strahlenmessfahrzeug (StMF) bei der FF Winsen. Der Ausbau des VW T3 erfolgte in Eigenleistung. Das Fahrzeug diente für Messungen im Umfeld der Kernkraftwerke an der Elbe Fotos: Jochen Thorns

Aufgrund extrem angestiegener Einsatzzahlen im Bereich der technischen Hilfeleistungen erwarb die Stadt Winsen 1977 einen Rüstwagen RW 2. Geliefert wurde dieser ebenfalls von der Ulmer Firma Magirus. Auch dieses Fahrzeug diente zuvor als Vorführfahrzeug. Aufgebaut auf einem Magirus-Deutz Fahrgestell der Baureihe 170 D11 FA steht dieser RW 2 noch immer im Dienst. Zur normmäßigen Ausstattung gehören ein manuell betriebener Lichtmast, ein 20-kVA-Generator und eine maschinell betriebene Zugeinrichtung mit einer maximalen Zugkraft von 50 kN. Im Laufe der 30 Dienstjahre wurde die Beladung immer wieder auf den neusten technischen Stand gebracht.

Aus einer Beschaffungsaktion des Katastrophenschutzes stammte ein LF 16-TS, das 1983 in Dienst gestellt wurde. Aufgebaut war dieses Fahrzeug auf einem Mercedes-Benz-LAF 1113 B-Fahrgestell. Der feuerwehrtechnische Aufbau stammte von Lentner. In Winsen wurde dieses Fahrzeug bis 1994 eingesetzt. Nachdem von Seiten der Kommune beinahe elf Jahre keine neuen Fahrzeuge für die Freiwillige Feuerwehr Winsen beschafft worden waren, konnte die Feuerwehr zu ihrem 125-jährigen Bestehen im Jahr 1988 ein TLF 24/50 in Empfang nehmen. Auch dieses Tanklöschfahrzeug lieferte Magirus. Der feuerwehrtechnische Aufbau wurde auf einem Iveco-Allradfahrgestell 160-30 AHW aufgebaut. Die eingebaute Feuerlöschkreiselpumpe des heute noch im Einsatz stehenden Fahrzeugs liefert 2400 l/min bei 8 bar Ausgangsdruck. Der Löschwasserbehälter hat ein Fassungsvermögen von 5000 Litern, der Schaummittelbehälter fasst 500 Liter. Der feuerwehrtechnische Aufbau ist komplett aus glasfaserverstärktem Kunststoff gefertigt. Der Durchfluss des Wasserwerfers auf dem Aufbaudach kann wahlweise von 2000 l/min auf 1000

Zum 125-jährigen Bestehen der FF Winsen im Jahr 1988 wurde dieses TLF 24/50 beschafft Foto: Wolfgang Rotter

l/min umgestellt werden. Die Reichweite des Werfers beträgt im Wasserbetrieb ca. 60 Meter, bei Schaumbetrieb ca. 50 Meter.

Ein Löschgruppenfahrzeug LF 16/12 folgte im Jahr 1994 als Ersatz für das LF 16-TS. Dieses Fahrzeug basiert schon auf dem neuen Iveco EuroFire-Allrad-Fahrgestell der Baureihe 135 E 22. Dieses Löschgruppenfahrzeug gehörte zu den ersten Baumustern der neuen Fahrzeug-Generation aus dem Hause Magirus. Gebaut wurde es bereits 1993. Auch das LF 16/12 wurde als Demofahrzeug vom Hersteller Iveco Magirus Brandschutztechnik genutzt und ist daher mit zahlreichen Extras ausgestattet. Zu dieser Sonderausstattung gehören ein zweiter Lichtmast mit zwei 1000-Watt-Scheinwerfern und sechs Atemschutzgeräte (statt vier Atemschutzgeräte nach DIN). Die Feuerlöschkreiselpumpe des Typs FP 16/8 wurde um ein Hochdruckteil erweitert. Der mitgeführte Löschwasservorrat beträgt 1200 Liter. Ferner wurde auf Wunsch der Feuerwehr Winsen eine Lagerung für

Typenreiner Magirus-Fuhrpark der FF Winsen im Jubiläumsjahr 1988 Foto: FF Winsen

Die DL 30 h wurde im Jahr 1973 beschafft. Das Fahrzeug verfügte über eine Kraneinrichtung an der Unterleiter

Foto: Jochen Thorns

Bei dem 1994 beschafften LF 16/12 handelte es sich um ein Vorführfahrzeug der Iveco Magirus Brandschutztechnik GmbH

Foto: Wolfgang Rotter

Bei dieser DLK 23-12 CS wurde erstmals eine Kraneinrichtung mit einer maximalen Hubkraft von 40 kN angebaut

Foto: Wolfgang Rotter

Das neueste Fahrzeug im Fuhrpark der Feuerwehr Winsen/ Luhe ist dieses TLF 16/25

Foto: Dr. Andreas Klingelhöller

Meisner lieferte 1991 diesen ELW 1 auf VW LT 28 über den VW-Vertrieb an die FF Winsen aus. Das Fahrzeug wird heute noch als MTW genutzt

Foto: Jochen Thorns

1983 bekam die FF Winsen dieses LF 16-TS des Katastrophenschutzes. Lentner erstellte den Aufbau auf einem MB LAF 1113 B Foto: Jochen Thorns

Den GW-G1 lieferte Schmitz auf einem MB 310 D aus. Baujahr 1993 Foto: Jochen Thorns

eine ebenfalls mitzuführende TS 8/8 von Magirus eingebaut. Für Einsätze im Bereich der technischen Hilfeleistung sind auf dem Fahrzeug ein 5,5-kVA-Stromerzeuger samt Beleuchtungsgerät, ein hydraulischer Rettungssatz sowie diverse Luftheber verlastet.

Fast genau elf Jahre später erfolgte die Ersatzbeschaffung der DL 30 h. Auch dieses Fahrzeug wurde wieder von Magirus geliefert. Bei der neubeschafften Drehleiter handelt es sich um eine DLK 23-12 CS, die auf einem Iveco EuroFire-Fahrgestell des Typs 150 E 28 aufgebaut ist. Erstmals baute Magirus auf Wunsch der Feuerwehr Winsen bei diesem Fahrzeug eine Kraneinrichtung in eine Drehleiter der „CS-Version" ein. Die maximale Hubkraft beträgt 40 kN.

Das neueste Fahrzeug der Feuerwehr Winsen wurde im Winter 2006 als Ersatz für das inzwischen 40 Jahre alte TLF 16 beschafft. Obwohl der Fahrzeugtyp TLF 16/25 nicht mehr der Norm entspricht, wird er weiterhin öfters beschafft. Auch in Winsen entschied man sich für diesen Typ. Das Winsener Tanklöschfahrzeug ist auf einem Iveco-EuroFire-Fahrgestell des Typs 140 E 28 aufgebaut. Um die Geländefähigkeit zu erhöhen, verfügt das Fahrzeug über eine großzügig dimensionierte Einzelbereifung. Zu den weiteren Besonderheiten zählen unter anderem eine Kabine in Gruppen- statt in Staffelausführung sowie die Ausstattung mit sechs Atemschutzgeräten. Die Löschmittelbehälter fassen 3000 l Wasser und 200 l Schaummittel. Zusätzlich werden 120 Liter Schaummittel in Kanistern mitgeführt. Als Feuerlöschkreiselpumpe dient eine heckseitig eingebaute FPN 10-2000. Zur Löschmittelabgabe steht auch ein kombinierter Schaum-Wasserwerfer mit einem Durchfluss von 1000 l/min zur Verfügung.

Neben diesen Großfahrzeugen nutzte die Feuerwehr Winsen noch diverse Kleinfahrzeuge als Einsatzleitwagen bzw. Mannschaftstransportwagen. Aktuell steht ein im Jahr 2003 von der Lüneburger Firma TDS Invent ausgebauter VW LT-Transporter als ELW 1 im Dienst. Ein von Schmitz ausgebauter Mercedes-Benz 310 D-Kastenwagen von 1993 wird als GW-G1 genutzt.

Im Feuerwehrmuseum Marxen wird das LF 8-TS der FF Winsen auf Ford FK 2500/Arve, Baujahr 1960, erhalten. Die Vorbaupumpe stammt von der Firma Wernert Foto: Jochen Thorns

Nach der Dienstzeit in Winsen lief das LF 8 schwer noch bei der Ortsfeuerwehr Borstel. Baujahr 1970 Foto: Jochen Thorns

Das rostigste Hobby der Welt

von Ralf Keine

In der Lagerhalle einer ehemaligen Kaserne im westfälischen Iserlohn finden sich wahre Schätze auf vier Rädern: der Handwerksmeister und Gutachter Jochen Pfänder hat hier eine beeindrukkende Sammlung von Fahrzeugen zusammen getragen. Neben einem „Strich-Achter"-Mercedes, einem VW Käfer, einem VW Kübelwagen, einem VW 181, zwei Treckern und anderen PKW finden sich hier ein Kranwagen der Bundeswehr auf Magirus Jupiter, ein hervorragend erhaltener Volkswagen T3 KTW des Roten Kreuzes und vor allem: Feuerwehrautos! Neben „Massenware", wie zwei Magirus SKW des Katastrophenschutzes finden sich hier echte „Schmankerln" und Raritäten.

Jochen Pfänder hält alle Fahrzeuge in fahrbereitem Zustand und zeigt sie abwechselnd gern auf Oldtimertreffen der näheren Umgebung. Manchmal unterstützen ihn Kollegen der Oldtimergruppe der Berufsfeuerwehr Iserlohn, wenn mit mehreren Fahrzeugen gleichzeitig ausgefahren werden soll. Meistens dabei ist dann auch das Magirus Rundhauber LF 16 der BF Iserlohn (vgl. Jahrbuch Feuerwehrfahrzeuge 2005). Mittlerweile ist aber auch Pfänders Neffe Hendrik vom dieselrußenden Hobby vereinnahmt worden. Er steuert zur Sammlung Pfänder weitere Fahrzeuge bei, die ebenfalls in der Halle im Iserlohner Osten untergebracht sind. Gemeinsam bemühen sie sich, die Fahrzeuge nicht nur fahrbereit zu halten, sondern auch nach und nach behutsam zu restaurieren und wieder zu bestücken. Gerne willkommen sind daher tragbare Leitern, Schläuche und andere Ausstattungsgegenstände.

Jochen Pfänders erstes Feuerwehrauto war ein SKW der Feuerwehr Castrop-Rauxel. Den Magirus Mercur Baujahr 1965 mit Zeppelin-Aufbau hatte Pfänder im Internet bei „Mobile.de" gesehen und in Honnef abgeholt. Gleich bei der Fahrt Richtung Heimat musste Pfänder Lehrgeld bezahlen und sich für die Zukunft schwören, erworbene Fahrzeuge genau unter die Lupe zu nehmen: auf der Autobahn kam er in einen Platzregen und musste feststellen, dass der Scheibenwischer nicht funktionierte. Mit dem Kopf aus dem Fenster wurde die Fahrt langsam fortgesetzt!

2002 kam dann noch ein zweiter SKW hinzu, diesmal ein Magirus mit Bauer-Aufbau aus dem Jahre 1968. Das Fahrzeug war bis 1998 bei der FF Mainz-Stadtmitte stationiert. Im Fahrzeugbrief ist als

KTW, VW T3, Aufbau Volkswagen, Baujahr 1983, ex WF Audi Ingolstadt / ex DRK OV Neuenstadt

Zweimal SKW, das Mainzer Fahrzeug sowie Magirus Deutz F Mercur 125 A, Aufbau Zeppelin, Baujahr 1965, ex FF Castrop-Rauxel

WFW, Magirus Deutz F Mercur 125 A, Aufbau Magirus, Baujahr 1966, ex BF München

LF 16, Magirus Deutz FM 150 A, Aufbau Magirus, Baujahr 1968, ex BF München

Erstbesitzer der „Örtliche Luftschutzleiter Mainz" eingetragen. Stellt man die beiden SKW nebeneinander, kann man feststellen, wie präzise sich die verschiedenen Firmen damals an die vom Bund vorgegebenen Baumuster gehalten haben; man muss schon sehr genau hinsehen, um kleinere Unterschiede festzustellen.

Ein weiteres Magirus Katastrophenschutzfahrzeug der Pfänder'schen Sammlung ist eine weit herum gekommene Rarität: Der 1966 gebaute Wasserförderwagen mit einer 4000 l/min leistenden Mitten-Pumpe war bis 1975 bei der Branddirektion München in Dienst. Danach kam das Fahrzeug zur Freiwilligen Feuerwehr Sorghof im Kreis Amberg-Sulzbach. Von dort ging es 1988 an die FF Vilseck im selben Kreis. Im Mai 2002 gelangte der Wasserförderwagen dann in Privatbesitz in Langenfeld im Kreis Mettmann, bevor er dann im Mai 2005 seinen Weg ins Sauerland fand.

Noch ein weiterer Ex-Münchner Magirus findet sich in der Sammlung: das 1968 gebaute LF 16 auf Eckhauber-Fahrgestell FM 150 D 10 A war bis 1988 in der bayerischen Landeshauptstadt zu Hause, bevor es im Juni 1988 an die FF Hohenroda im hessischen Kreis Hersfeld-Rothenburg gelangte. 2003 kaufte Jochen Pfänder das Fahrzeug über einen Zwischenhändler in Witten.

Das jüngste Magirus-Fahrzeug der Sammlung ist bereits ein Frontlenker: ein 1975 gebauter Rüstwagen RW 1. Das Fahrzeug stand bei der FF Dillenburg in Hessen in Dienst, bevor Pfänder es im Juni 2004 über einen Zwischenhändler kaufte. Auch hier wurde er noch einmal daran erinnert, sich neu erworbene Fahrzeuge genau anzusehen; die Heimfahrt mit festhängender Auspuffklappe gestaltete sich zu einem kleinen Abenteuer! Der Lichtmast des Fahrzeuges fehlte beim Kauf, jedoch konnte ein anderer Lichtmast beschafft und wieder angebaut werden.

Natürlich finden sich auch Fahrzeuge mit Stern in der Sammlung. Jüngst übernommen wurde erst ein Mercedes Benz LAF 911/Schlingmann LF 8 „schwer", das ab 1975 zunächst bei der FF Menden-Lendringsen und dann bei der Mendener Jugendfeuerwehr im Dienst war (vgl. Jahrbuch Feuerwehr-Fahrzeuge 2007). Ein weiteres „schweres" LF 8 brachte Neffe Hendrik Pfänder in die Sammlung ein: Ebenfalls von Schlingmann wurde es 1969 auf ein Mercedes-Benz LF 710-Fahrgestell aufgebaut und an die Freiwillige Feuerwehr Verden an der Aller ausgeliefert. Dort

RW 1, Magirus Deutz FM 120 D 7 FA, Aufbau Magirus, Baujahr 1975, ex FF Dillenburg

LF 8 schwer, Mercedes-Benz LAF 911, Aufbau Schlingmann, Baujahr 1975, ex FF Menden

LF 8 schwer, Mercedes-Benz LF 710, Aufbau Schlingmann, Baujahr 1969, ex FF Verden

DL 22 Allrad, Mercedes-Benz LA 710, Aufbau Metz, Baujahr 1968, ex FF Braunlage

blieb es bis 2004 in Dienst. Der dritte Mercedes „Kurzhauber" der Sammlung stellt wieder eine Rarität dar: Auf das Allrad-Fahrgestell baute Metz 1968 eine DL 22 für die FF Braunlage im Harz auf. Das Fahrzeug war auf 7,49 t abgelastet, so dass es noch mit einem PKW-Führerschein gefahren werden konnte. 1986 wurde die Allrad-Drehleiter an die Freiwillige Feuerwehr des Künstlerdorfes Worpswede bei Bremen abgegeben. Von dort gelangte es im Oktober 2003 in die Pfänder'sche Sammlung.

Die beiden ältesten Feuerwehrfahrzeuge der Sammlung tragen ebenfalls einen Stern und waren im hohen Norden beheimatet. 1952 erhielt die BF Wolfsburg ein TLF 15 in so genannter „Omnibus-Bauform". Metz hatte das Tanklöschfahrzeug auf ein Mercedes-Fahrgestell vom Typ LF 3500/42 aufgebaut. Die Wolfsburger Feuerwehr blieb der einzige Vorbesitzer. In für ein solch altes Fahrzeug ungewohnter und hier als augenfeindlich empfundener tagesleucht-roten Lackierung präsentiert sich ein LF 16 auf Mercedes-Benz LF 311-Fahrgestell. Gebaut wurde das Fahrzeug 1961 von Bachert für die Berufsfeuerwehr Kiel. Von dort gelangte es 1976 zur Freiwilligen Feuerwehr Klausdorf-Pohnsdorf im Landkreis Plön. 2004 erwarb Hendrik Pfänder das Löschgruppenfahrzeug und erwägt nun, es optisch wieder in den Auslieferungszustand zurück zu versetzen.

Derzeit letztes Fahrzeug der Sammlung ist ein 1983 gebauter Mannschaftstransportwagen (MTW) vom Typ Volkswagen T3. Stationiert war das Fahrzeug im nahe gelegenen Nachrodt-Wiblingwerde und wurde hier, wie in dieser Gegend weit verbreitet, intern als ELW geführt.

Langsam wird es eng in der großen Halle, die Unterstellplatz und Werkstatt zugleich ist. Aber wer Jochen und Hendrik Pfänder kennt, kann sicher sein, dass hier noch einige Fahrzeuge vor Schneidbrenner und Schrottpresse bewahrt werden!

TLF 15, Mercedes-Benz LF 3500/42, Aufbau Metz, Baujahr 1952, ex BF Wolfsburg

LF 16, Mercedes-Benz LF 311, Aufbau Bachert, Baujahr 1961, ex BF Kiel

MTW/ELW 1, VW T 3, Baujahr 1983, ex FF Nachrodt-Wiblingwerde

Im Wandel der Zeit

Der Löschzug der Berufsfeuerwehr Wuppertal

von Dr. Andreas Klingelhöller

Feuerwehrfahrzeuge, wie die im vorliegenden Jahrbuch präsentierten, sind technisch bemerkenswert, optisch auffällig und oft genug auch einzigartig. Natürlich sind Feuerwehrfahrzeuge kein Selbstzweck. Sie sind ein Hilfsmittel, um die Aufgabenerfüllung der Institution Feuerwehr zu ermöglichen – Menschen retten, Tiere, Sachen und Umwelt schützen und die Ausbreitung eines Schadens verhindern. Löschgruppen- und Tanklöschfahrzeuge sowie die Hubrettungsfahrzeuge werden in der Regel nicht allein eingesetzt, sondern im Verband – als „Löschzug". Aufgabe eines „Löschzuges" ist es, eingebettet in ein taktisches Konzept, Kräfte und Material in angemessener Zeit und Stärke an den Ort des Schadenfalles zu bringen. Wer sich mit dem Wesen der Feuerwehr beschäftigt, wird sich von einer gewissen Faszination, die vom Anblick eines „Löschzuges" ausgeht, nicht freisprechen können, kommt in ihnen doch die einprägsame Bandbreite der Fahrzeugtechnik der Feuerwehr zum Ausdruck.

Eine solche Beschreibung gilt auch für die Feuerwehr in Wuppertal. Die 1929 gegründete Stadt im Zentrum der Metropolregion Rhein-Ruhr mit aktuell rund 358.000 Einwohnern betreibt eine Berufsfeuerwehr, die – gemessen an der Mitarbeiterzahl – in der Rangfolge an Position 18 unter den 101 deutschen Berufsfeuerwehren rangiert. Aufgrund der historisch und topografisch bedingten Stadtstruktur unterhielt die Berufsfeuerwehr bis zum Jahr 2005 nur zwei Zugwachen in den Stadtbezirken Elberfeld und Barmen – zusätzlich aber auch vier Rettungswagen-

Etwa 1972: KdoW und TroTLF 16 des Zuges Elberfeld rücken von der Feuer- und Rettungswache an der Gathe ab
(Foto: Feuerwehr Wuppertal)

Diese Zugformation hat es so in Elberfeld in der zweiten Hälfte der 50er Jahre nicht gegeben – das zweite LF 15/50 stand tatsächlich in Barmen
(Foto: Archiv Klingelhöller)

bzw. Notarztstandorte. Aufbauend auf einer Kooperationsvereinbarung mit der Bayer HealthCare AG besetzt die städtische Berufsfeuerwehr seit dem genannten Jahr die Feuerwache im Bayerwerk in Elberfeld (jetzt Feuerwache 3) und ist damit auch für den abwehrenden Brandschutz in diesem Industrieareal zuständig. Im Rahmen dieser Neuordnung ist ein Hilfeleistungslöschfahrzeug aus dem Zug Elberfeld umgesetzt worden, so dass der Gesamtzug im westlichen Stadtgebiet seitdem im Additionsverfahren gebildet wird.

Das LF 15/50 der Feuer- und Rettungswache Barmen im Schaueinsatz anlässlich eines Tages der Offenen Tür 1959
(Foto: Feuerwehr Wuppertal)

Bis in die 1950er Jahre stammten die Großfahrzeuge der Löschzüge in Wuppertal aus den Beschaffungsjahren des Zweiten Weltkrieges. Erstmals 1953 kam wieder ein Neufahrzeug nach Wuppertal – eine DL 30 von Magirus auf dem großen Magirus Rundhauber-Fahrgestell S 6500 F. Ab diesem Zeitpunkt beschaffte die Abteilung Technik für die beiden Löschzüge der Berufsfeuerwehr fast 30 Jahre lang Magirus-Feuerwehrfahrzeuge – zunächst Rund- dann Eckhauber, denen später (von 1970 bis Anfang der 1980er-Jahre) die Frontlenker von (Iveco-) Magirus folgten. Ab 1983 – und dann für die nächsten rund 20 Jahre – lösten Fahrgestelle von Mercedes-Benz, häufig mit Schlingmann-Aufbauten, die vordem traditionelle „Hausmarke" ab – zunächst die Frontlenker-Modelle, später dann die Actros- und Atego-Fahrgestelle. Ab 2005 kamen auch wieder andere Fahrgestellhersteller zum Zuge. Zunächst 2005 Iveco (DLK 23-12 CS / IM 150 E 28 Eurofire) und dann 2006 MAN mit einer bemerkenswerten Kleinserie von drei HLF 20/16 (TGA 18.350 4x2 LL mit Lentner-Aufbau).

Zwei Besonderheiten der Fahrzeugbeschaffungen in Wuppertal sind hervorzuheben: Die Fahrgestelle der Großfahrzeuge sind aufgrund der Topographie des Stadtgebietes (Höhenunterschiede bis zu 250 m) häufig stärker motorisiert als in anderen Städten. Und im Laufe der Zeit sind in Wuppertal durchaus

Der Freitag war und ist traditionell „Waschtag". Auf dem Hof der Wache Heidter Berg in Barmen stehen die Fahrzeuge des Zuges und die Reservefahrzeuge. Am linken Bildrand ist auch der KW 15 aus dem Jahr 1959 zu erkennen (Foto: Nolden)

Die S 6500 F-Rundhauber-DL 30+2 aus dem Jahr 1953 ist in Elberfeld noch aktiv. TLF und LF sind 1966 und 1964 durch die Eckhauber-Generation abgelöst worden (Foto: Nolden)

Auch in Barmen ist in den 60er Jahren der Übergang von Magirus-Rund- zu Eckhaubern fließend. Bemerkenswert ist das TLF 16 aus dem Jahr 1960 mit einem Aufbau von Bachert (Foto: Nolden)

Anfang der 70er Jahre folgen auch in Elberfeld die Frontlenker von Magirus. Die TLF führen in Wuppertal ab jetzt Pulver mit und werden folgerichtig als TroTLF 16 bezeichnet (Foto: Archiv Klingelhöller)

„unübliche" Fahrgestell-/Aufbaukombinationen und technische Besonderheiten – nicht nur bei den Löschzugfahrzeugen – beschafft worden. Einige Beispiele: TLF 16 (Magirus Rundhauber/Bachert – 1960), GW-Öl (Magirus Rundhauber/Eylert – 1960), RW 2 (Magirus Eckhauber/Schlingmann – 1967), DLK 23-12 SE (MB/Metz – 1983 + 1987), LF 24 NW (MB Actros/Magirus – 1999), Berge-Kran-Fahrzeug (Faun-Tadano – 2003), RW (MB Atego/Schlingmann mit Ladebordwand – 2005) und HLF 20/16 (MAN-TGA/Lentner – 2006).

In der Zeit nach 1945 lassen sich für die Fahrzeugausstattung der Löschzüge der Berufsfeuerwehr Wuppertal Techniklinien und Besonderheiten nachzeichnen, die so auch bei anderen Feuerwehren zu finden sind:

Der „Drei-Fahrzeug-Zug" – bestehend aus einem TLF (Staffel) – in den späten Kriegsjahren entwickelt und ab dann in die Taktikschemata als Erstangriffsfahrzeug eingeführt –, einer DL (Trupp) und einem LF (Gruppe) – ist zunächst und für lange Zeit (bis in die 1970er-Jahre) die Standardformation eines Löschzuges der Berufsfeuerwehren. Oberbrandrat Garski von der BF Düsseldorf versieht einen Beitrag für die vfdb-Zeitschrift im Jahr 1953 mit der treffenden Überschrift: „Der Dreifahrzeugzug als neuzeitliche Feuerlöscheinheit". Sofern der Zugführer nicht auf dem TLF mitfuhr, hatte er ein eigenes Einsatzleitfahrzeug.

Spätestens ab Ende der 1970er-Jahre rückten einerseits verstärkt Wirtschaftlichkeitsaspekte des Feuerwehrbetriebs, andererseits auch sich ändernde Einsatzanforderungen in den Fokus der Diskussionen und Entscheidungen über Zugstrukturen und Fahrzeugkonzeptionen. Die Veröffentlichung der „WIBERA"-Gutachten und der „ORBIT"-Studie fallen in diese Zeit. Es galt, bei reduzierten Personalressourcen unter Einbeziehung aller organisatorischen Möglichkeiten und einem sich ändernden Einsatzspektrum einen Löschzug personell und technisch fortzuentwickeln. Demzufolge definierten die Branddirektionen zeitlich und räumlich flexiblere Organisationsformen eines Zuges – zum Beispiel die Zusammenführung von Einheiten von verschiedenen Standorten oder die der Realität angepasste Staffel – statt der Gruppenbesatzungen. Auch der spätere Ersatz der Kombination TLF/LF durch zwei (weitgehend) gleichartige „Hilfeleistungslöschfahrzeuge" – zwischenzeitlich auch als LF 24 konzipiert und gebaut – ab Ende der 1980er-Jahre gehört in diesen Kontext. Die Beladung der „Löschgruppenfahrzeuge" folgte der Notwendigkeit, auf steigende Einsatzzahlen zur technischen Hilfeleistung reagieren zu müssen.

Periodisch stand auch die Ausstattung und die Größenordnung der Zug-TLF im Zentrum von Überlegungen. Zum einen kam Anfang der 1960er-Jahre aufgrund von Einsatzerfahrungen der Anstoß, das Löschmittel Pulver mitzuführen (TroTLF). Zum anderen standen Ende der 1980er-, Anfang der 1990er-Jahre häufig die Wasser- und Schaum-führenden TLF 24/50 anstelle der TLF 16/25 im Zugverband nicht nur bei der BF Wuppertal.

Die Zusammenstellung von Löschzügen der Berufsfeuerwehren in Deutschland ist heute durchgängig aus den Vorgaben von Schutzzielen abgeleitet, die sich üblicherweise am „kritischen Wohnungsbrand" nach AGBF-Definition orientieren. Der Rat der Stadt Wuppertal hat im Jahr 2005 für die Feuerwehr folgendes Ziel festgelegt: Die personelle und technische Ausstattung der Feuerwehr muss eine angemessene Versorgungssicherheit der Bevölkerung bei der Brandbekämpfung und Hilfeleistung in Unglücksfällen gewährleisten. Die Gewährleistung ist dann gegeben, wenn im Stadtgebiet zu jeder Zeit innerhalb von zehn Minuten nach Schadensmeldung zehn Einsatzkräfte am Einsatzort eintreffen. Darüber hinaus muss sichergestellt sein, dass nach weiteren fünf Minuten sechs zusätzliche Einsatzkräfte den Einsatzort erreichen. In Anlehnung an entsprechende Empfehlungen der AGBF aus dem Jahr 1998 wird ein „Zielerreichungsgrad" von mindestens 85 % angestrebt.

Solche Schutzzieldefinitionen lassen eine flexible Reaktion auf Einsatzszenarien zu. Nach Auswertungen zur Häufigkeit des tatsächlichen Schadeneintritts werden in Wuppertal aktuell zu einem einfachen Melderalarm nur die ersten 10 Kräfte entsandt („Löschzug kurz"). Generell aber hat ein Wuppertaler Löschzug im Jahr 2007 zu den Alarmierungsstichworten „Feuer" folgende Konstellation: ELW 1 (1/1/0/2) – HLF I (0/1/5/6) – DLK (0/1/1/2) – HLF II (0/1/5/6) – zusammen (1/4/11/16). Gemäß Alarm- und Ausrückordnung fährt bereits seit Ende der 1980er-Jahre bei Feueralarmierungen auch ein RTW aus dem regulären Rettungsdienst mit zur Einsatzstelle, wobei die RTW-Kräfte nicht in die Schutzzielstärken eingerechnet werden. Gleiches gilt auch für die Besatzung des GW-Mess, der ebenfalls bei entsprechenden Alarmierungsstichworten stadtweit in die erste Abmarschfolge integriert ist.

Der Zug Barmen setzt bei diesem Wohnungsbrand 1979 bereits die „facegelifteten" Frontlenker ein. Bei den ELW 1 hat man sich für Fahrzeuge der Marke Opel entschieden (Foto: Klingelhöller)

Elberfeld erhält 1988 das zweite LF 24 in Wuppertal mit einem Schlingmann-Aufbau. Zwischenzeitlich rückt auch ein Brandschutz-RTW mit aus (Foto: Feuerwehr Wuppertal)

Auch in Barmen wird Anfang der 90er Jahre der Zug aus TLF 24/50, DLK 23-12 SE und LF 24 gebildet. Der C-Dienst fährt im MB G-Modell als ELW 1 Foto: Bald

Die nächste Generation der Drehleitern sind wieder „normal" aufgebaut. Gleichzeitig kehrt man mit dieser DLK 23-12 für den Zug Elberfeld zur Magirus-Leitertechnik zurück. Die Feuerwache Gathe ist zugunsten eines Neubaus der Hauptwache an der August-Bebel-Straße aufgegeben worden
(Foto: Klingelhöller)

An einem frühen Sonntagmorgen ist der Zug Barmen 1996 auf dem Platz vor dem Rathaus aufgefahren
(Foto: Bald)

Die beiden ersten LF 24 NW auf dem Actros-Fahrgestell sind 1999 in Dienst gestellt worden. Den Zug Elberfeld bilden sie im Jahr 2003 zusammen mit einem ELW 1 (MB Vito) und der DLK 23-12 CC von Magirus aus dem Jahr 1991
(Foto: Bald)

Nach Zulauf der LF 24 NW wird auch der Zug Barmen im Jahr 2003 mit zwei baugleichen Hilfeleistungslöschfahrzeugen in Ergänzung von ELW und DL gebildet. Die RTW auf MB Sprinter-Fahrgestellen tragen jetzt Kofferaufbauten (Foto: Bald)

Nach der Umsetzung eines HLF auf die Wache 3 ist in der Wache 1 in Elberfeld seit 2005 ein Kurz-Zug stationiert (Foto: Klingelhöller)

Vor der neuen Feuer- und Rettungswache 2 in der Waldeckstraße ist der Zug Barmen aufgefahren. Das zweite Actros-LF 24 NW wurde durch das HLF 20/16 auf MAN-TGA-Fahrgestell abgelöst (Foto: Klingelhöller)

Löschzüge der Berufsfeuerwehr Wuppertal Wache Barmen (Heidter Berg, ab 2004 Waldeckstraße)

Zeit	Fahrzeug	W-	Fahrgestell/Aufbau	Baujahr
1945 - 1949	VfW	205	DKW	1940
	TLF 25	237	MB L 3750/Eigenumbau	1936
	DL 30+2	240	KHD M 45 L/Magirus	1935
	LF 25 (KS 25)	234	KHD M 37 S/Magirus	1935
1950 - 1954	VfW	?	DKW	1950
	TLF 25	237	MB L 3750/Eigenumbau	1936
	DL 26 (KL 26)	238	KHD L 145/Magirus	1940
	LF 15/50	223	Magirus S 3500/Magirus (Omnibusbauform)	1954
1955 - 1959	KdoW	202	VW 1200	1958
	TLF 16	282	MB LF 3500/Heines	1955
	DL 30	281	Magirus FL 7500/Magirus (Staffelkabine)	1956
	LF 15/50	224	Magirus S 3500/Magirus (Omnibusbauform)	1953
1960 - 1964	KdoW	304	VW Typ 3 Variant	1964
	TLF 16	280	Magirus F Mercur 125/Bachert	1960
	DL 30	281	Magirus FL 7500/Magirus (Staffelkabine)	1956
	LF 16	232	Magirus F 150 D 11/Magirus	1964
1965 - 1969	KdoW	304	VW Typ 3 Variant	1964
	TLF 16	236	Magirus F 150 D 11 A/Magirus	1964
	DL 30 h	248	Magirus F 150 D 11/Magirus	1965
	LF 16	232	Magirus F 150 D 11/Magirus	1964
1970 - 1974	ELW 1	301	Opel Rekord D	1974
	TroTLF 16	234	Magirus FM 170 D 11 FA/Magirus	1970
	DL 30 h	248	Magirus F 150 D 11/Magirus	1965
	LF 16	238	Magirus FM 170 D 11 F/Magirus	1971
1975 - 1979	ELW 1	320	Opel Rekord E	1979
	TroTLF 16	347	Magirus FM 170 D 11 FA/Magirus	1978
	DLK 30	241	Magirus FM 170 D 12 F/Magirus	1975
	LF 16	280	Magirus FM 170 D 11 F/Magirus	1976
1980 - 1984	ELW 1	320	Opel Rekord E	1979
	TroTLF 16	347	Magirus FM 170 D 11 FA/Magirus	1978
	DLK 23-12 SE	340	MB 1632 F/Metz	1983
	LF 16	237	Magirus FM 192 D 11 FA/Magirus	1981
1985 - 1989	ELW 1	232	MB 230 GE	1985
	TLF 24/50	236	MB 1625 AK/Metz	1986
	DLK 23-12 SE	340	MB 1632 F/Metz	1983
	LF 24	233	MB 1628 F/Schlingmann	1984
1990 - 1994	ELW 1	232	MB 230 GE	1985
	TLF 24/50	6123	MB 1834 AK/Schlingmann	1993
	DLK 23-12 SE	340	MB 1632 F/Metz	1983
	LF 24	6122	MB 1635 F/Schlingmann	1991
	RTW	Div	MB Sprinter 312 D/Div. Aufbauten	–
1995 - 1999	ELW 1	6002	MB Vito 110 D/WAS	1998
	TLF 24/50	6123	MB 1834 AK/Schlingmann	1993
	DLK 23-12 CC	6127	MB 1427 F/Magirus	1994
	LF 24	6122	MB 1635 F/Schlingmann	1991
	RTW	div	MB Sprinter 412 D/Div. Aufbauten	–
2000 - 2004	ELW 1	6003	MB Vito 110 D/WAS	1999
	LF 24 NW	6120	MB Actros 1835 L/Magirus	2000
	DLK 23-12 CS	6119	MB Atego 1528 F/Magirus	2002
	LF 24 NW	6121	MB Actros 1835 L/Magirus	2001
	RTW	div	MB Sprinter 413 CDI/Div. Aufbauten	–
2005 - 2010	ELW 1	6003	MB Vito 110 D/WAS	1999
	HLF 20/16	6126	MAN TGA 18.350 4x2 LL/Lentner	2006
	DLK 23-12 CS	6119	MB Atego 1528 F/Magirus	2002
	LF 24 NW	6121	MB Actros 1835 L/Magirus	2001
	RTW	div	MB Sprinter 416 CDI/Div. Aufbauten	–

Ein Geschütz-schlepper machte Nachkriegskarriere bei der Hamburger Feuerwehr

von Manfred Gihl

Hamburg nach dem Zweiten Weltkrieg: Die Stadt liegt in Trümmern, 35 Prozent der Wohngebäude sind total zerstört, 42 Prozent mehr oder weniger beschädigt, große Teile der verbliebenen Einwohner (ihre Zahl ging von 1.700.000 auf 1.100.000 Menschen zurück), leben menschenunwürdig in Kellern und Nissenhütten.

Der Feuerwehr geht es nicht viel besser. Fünf Feuerwachen sind total zerstört, von den zwölf leicht bis mittel beschädigten Wachen haben die britischen Besatzer die besten fünf für ihren Army Fire Service beschlagnahmt. Die Feuerwehr haust teilweise in Notunterkünften und Baracken, ihre Fahrzeuge müssen im Freien stehen.

38 Prozent des Fahrzeugbestands sind im Bombenhagel zerstört worden oder nicht mehr fahrbereit. Es fehlt an Löschfahrzeugen, Drehleitern und Krankenwagen (gerade erst hat die britische Besatzungsmacht der Feuerwehr den Krankentransport- und Unfallhilfsdienst als zusätzliche Aufgabe übertragen). Unter diesen Umständen ist an die Neubeschaffung eines Kranwagens überhaupt nicht zu denken, obwohl ein fahrbares Hebegerät dringend erforderlich wäre. Denn infolge des schlechten Zustands der während des Krieges nur notdürftig reparierten Straßen kommt es vermehrt zu Verkehrsunfällen. Manche Lkw brechen in die Straßendecke ein, weil sich darunter Bombentrichter, die im Krieg eilig zugeschüttet wurden, oder brüchige Rohrleitungen befinden. Straßenbahnen entgleisen oder stoßen mit Lkw zusammen. Bemerkenswert ist auch, wie häufig Pkw und (überladene) Lkw in die Elbe und in die Fleete stürzten. Grund dafür dürften versagende Bremsen gewesen sein, die sich in ebenso desolatem Zustand wie die meisten Straßen befanden.

Der Bedarf für einen neuen Kranwagen war unbestreitbar, nachdem der 1939 von Metz beschaffte RKW 4,5 am 18. Juni 1944 an der Hauptfeuerwache Berliner Tor nach Volltreffer zerstört worden war. Doch selbst wenn die finanziellen Mittel vorhanden gewesen wären, so wären doch die bekannten Feuerwehrfahrzeughersteller zur Lieferung gar nicht in der Lage gewesen.

Dieser Geschützschlepper, ein „Zugkraftwagen Zgkw 18" der ehemaligen Wehrmacht diente der Hamburger Feuerwehr von 1946 bis 1958 als behelfsmäßiger Kranwagen. Hersteller war die Firma FAMO in Breslau gewesen

Foto: Archiv Feuerwehr Hamburg

Weil im Krieg übliche Löschfahrzeuge auf vertrümmerten Straßen oft nicht vorwärts kamen, wurden 1943 in Hamburg Fahrversuche mit einem Halbkettenfahrzeug unternommen – mit geringem Erfolg. Das Fahrzeug wühlt sich im Trümmergelände fest

Fotos: H. Brunswig

Ein Anhänger stürzte in ein Fleet in der Hamburger Innenstadt, weil ein Fahrer nicht aufpasste. Der Zgkw zog ihn wieder heraus
Fotos: H. Brunswig

Da erfuhr die Feuerwehr 1946 durch Zufall, dass sich auf dem Schleswig-Holsteiner Feldflugplatz Lentförden unter den vielen dort abgestellten Wehrmachtsfahrzeugen auch ein Geschützschlepper des Heeres, ein so genannter Halbketten-Zugkraftwagen (Zgkw) befinden solle. Der Abteilungsleiter, Brandrat Dipl.-Ing. Brunswig, fuhr sofort mit Billigung des britischen Aufsichtsoffiziers zur Besichtigung in die etwa 40 Kilometer entfernte Ortschaft.

Brunswig kannte dieses Modell eines Halbkettenfahrzeugs noch sehr gut von einer 1943 „von oben" (dem Luftgaukommando XI) angeordneten Erprobung. Das Vordringen mit den üblichen Löschfahrzeugen über vertrümmerte Straßen unmittelbar nach Bombenangriffen war damals tatsächlich zum Problem geworden. Deshalb versprach man sich die Lösung durch Verwendung von Halbkettenfahrzeugen. Im August 1943 wurden bei der Feuerschutzpolizei Hamburg Fahrversuche in einem Trümmergebiet, deren es ja genügend gab, mit einem Zgkw unternommen. Die erzielten Ergebnisse enttäuschten jedoch. Die Gleisketten wühlten die losen Trümmerstücke unter sich weg, bis das Fahrzeug aufsaß. Der Trümmerberg war nur 1,5 Meter hoch gewesen. Die Idee wurde nicht weiter verfolgt.

Als ersatzweiser Kranwagen erschien der Zgkw 18 jedoch gut geeignet. Es handelte sich um einen Halbketten-Zugkraftwagen, den die Fahrzeug- und Motorenbau GmbH (Famo) in Breslau 1943 als Typ „F 3" gebaut hatte. Zwar konnten mit seinem Ausleger nur maximal 6000 Kilogramm gehoben werden, dafür betrug aber seine Anhängelast 18.000 Kilogramm. Die Bergungswinde hatte eine Zugkraft von 6000 Kilogramm. Zum Antrieb war ein V-12-Benzinmotor von Maybach mit einer Leistung von 250 PS eingebaut. Das Getriebe besaß 8 Vorwärts- und 2 Rückwärtsgänge.

Die Hamburger Feuerwehr erwarb das Fahrzeug bei der „Verwertungsstelle für Beutefahrzeuge" für rund 40.000 RM. Nach der Grundüberholung bei der Firma Jungenfeld in Lentföhrden stellte die Feuerwehr den Zgkw 18 am 2. Dezember 1946 in Dienst.

Dieser robuste „Hilfskran" leistete bei zahlreichen Einsätzen gute Dienste, wie die Bilder beweisen, die sämtlich von Brunswig stammen. Er ließ kaum eine Gelegenheit aus, um Einsätze mit seiner Leica fotografisch festzuhalten. So sind wir heute in der glücklichen Lage, viele Einsatzbilder zeigen zu können.

Nachteilig war allerdings der für ein Ketten- bzw. Halbkettenfahrzeug typische hohe Kraftstoffverbrauch. Er betrug im Straßenverkehr bis zu 120 Liter pro 100 Kilometer, bei Geländefahrten dem Verneh-

Der Fahrer dieser Zugmaschine setzte unvorsichtig zurück und landete unsanft in der Elbe. Die Feuerwehr rettete ihn und barg sein Fahrzeug mithilfe des ZgkW

Foto: H. Brunswig

men nach bis zu 270 Liter pro 100 Kilometer. Der Jahresbericht 1947 vermerkte optimistisch: „Das Fahrzeug dürfte allen Anforderungen einer Großstadt gewachsen sein und auch schwierigste Bergungsaufgaben lösen können."

So erwies sich der ehemalige Geschützschlepper als sehr brauchbar und erlebte eine Nachkriegskarriere. Nach 12-jähriger Dienstzeit – am 8. Juli 1958 – wurde er endgültig ausgesondert. Zuvor war bereits ein neuer RKW 10 beschafft worden.

Inzwischen hat die BF Hamburg ihren fünften Feuerwehrkran der Nachkriegszeit im Dienst, einen FwK 60, Modell Liebherr LTM 1060/2 (siehe Jahrbuch 2004, Seite 36).

Ein Müllsammelfahrzeug wagte sich zu weit auf den weichen Untergrund einer Müllkippe und stürzte prompt kopfüber den Abhang hinunter. Der Zgkw richtete das Fahrzeug wieder auf Fotos: H. Brunswig

Infolge Wasserrohrbruchs sackte plötzlich die Straßendecke ein. In dem entstehenden großen Krater versank ein Möbelwagen vollständig. Der Zgkw barg den Möbelwagen, nachdem der vollgelaufene Krater leergepumpt worden war

Fotos: H. Brunswig

Dieser 5-t-Mobilkran hatte sich etwas „verhoben“ und stürzte in eine Schute. Der Zgkw holte ihn wieder an Land
Fotos: H. Brunswig

Das Berliner LHF 16/12 (City-LHF) wird 15 Jahre

von Hans-Jörg Schierz

Das Löschhilfeleistungsfahrzeug (LHF) ist seit 1983 das Standardfahrzeug der Berliner Feuerwehr für die Brandbekämpfung und technischen Hilfeleistung. Im Stadtgebiet von Berlin sind im Jahr 2007 38 Berufsfeuerwachen besetzt. Zugeschnitten auf das seit 1999 in der Berliner Alarm- und Ausrückeordnung praktizierte Staffelkonzept sind in der Regel an jeder Wache zwei LHF 16/12 (1:5 besetzt) stationiert. Der Gesamtbestand beträgt derzeit rund 140 Fahrzeuge.

Die Neukonzeption der LHF 16/12, die später im Sprachgebrauch den Namen „City-LHF" erhielten, begann Anfang der neunziger Jahre. Ausgehend von der Erfahrung, dass in einer typisch städtischen Bebauung und Verkehrsinfrastruktur Einsatzstellen mit den bekannten Norm-nahen Fahrzeugen – bis dahin LHF 16/16 – schwer zu erreichen sind, sah das erste Lastenheft für die Beschaffung von wendigen „City-LHF" deshalb eine Fahrzeuggesamtlänge von 6.900 mm, eine Breite von 2.300 mm in Verbindung mit einer Gruppenkabine sowie angepasste Löschmittelmengen vor (1.200 Liter Wasser, 100 Liter Schaummittel). Die feuerwehrtechnische Beladung sollte weitgehend der der größeren LHF entsprechen.

Das erste von der Berliner Feuerwehr konzipierte LHF 16/12 erstellte Rosenbauer 1993 auf einem Mercedes-Benz LN 2-Fahrgestell des Typs 1117 F. Ein Rosenbauer-Aufbau war zum damaligen Zeitpunkt ein Novum in Berlin. Kurz danach lieferte auch Ziegler ein erstes „City-LHF", das auf einem MAN-Fahrgestelltyp („L 2000") aufgebaut war. Beide Prototypen standen nach ihrer Auslieferung auf verschiedenen Feuerwachen in der Praxiserprobung, um der damaligen Beschaffungsabteilung – heute „Service Einheit Fahrzeuge und Geräte" (SE-FG) – Grundlagen für die endgültige Ausschreibung zu liefern. Die Entscheidung fiel letztlich zugunsten der MAN-Fahrgestelle zunächst mit Ziegler-Aufbau aus. 1994 erging ein erster Lieferauftrag für eine Serie von fünfzehn LHF 16/12, der kurze Zeit später um weitere fünf Fahrzeuge mit einem Rosenbauer-Aufbau ergänzt wurde. Zuerst erhielten und erhalten die Berufsfeuerwachen die neuen LHF. Den freiwilli-

Erstes LHF 16/12 auf MB 1117 / Rosenbauer Prototyp

LHF 16/12 auf
MAN 10.224 / Ziegler
aus den ersten
Serienbeschaffungen

Erstes LHF 16/12 auf
MAN L 2000 / Ziegler
Prototyp

LHF 16/12 auf MAN 10.224
Rosenbauer, erstes
folienbeklebtes LHF

LHF 16/12 auf MAN 10.224 / Magirus Aufbau

LHF 16/12 auf MAN 10.224 / FGL Aufbau

gen Feuerwehren lief der neue Fahrzeugtyp erst später zu, und dann meistens als gebrauchtes Exemplar.

Frühzeitig wurden die City-LHF technisch fortentwickelt. Ab 1998 kam erstmals eine neue Mannschaftskabine in GFK-Bauweise von MAN Wittlich zum Einsatz, deren Vorteile in einem geringeren Gewicht und einer längeren Haltbarkeit gesehen wurden. Die Lackierung der Fahrzeuge in Tagesleuchtrot (RAL 3024) entfiel aus Kostengründen, und so kam es zum ersten LHF 16/12 mit einer dunkelroten, dafür nachtreflektierenden Folienbeklebung. Die eingeschränkte deutliche Erkennbarkeit am Tage nahm man zunächst in Kauf. Diese Einschätzung änderte sich später wieder, und ab 2003 begann man die Fahrzeuge des ersten Zugriffs, dazu gehören auch die LHF, mit leuchtroter Folie zu bekleben. Ergänzend werden die Fahrzeuge seitdem mit Reflexstreifen in Gelb und Konturstreifen in Silber beklebt. Beginnend im Jahr 1998 erhielten die LHF 16/12 Einmannschlauchhaspeln am Fahrzeugheck. Dies geschah auf Wunsch der Feuerwachen, um eine Wasserversorgung schneller aufbauen zu können. Die zunehmende Gesamtlänge des Fahrzeuges war dabei zu tolerieren.

Erwähnenswert sind die zahlreichen „exotischen" Beschaffungen von LHF 16/12. Da die Berliner Feuerwehr ein großer Abnehmer von Fahrzeugen ist, zeigen einerseits auch andere Aufbauhersteller als die genannten ein grundsätzliches Lieferinteresse. Andererseits möchte man sich bei SE-FG nicht von nur einem Aufbauhersteller abhängig machen. In der Vergangenheit sind deshalb verschiedene Fahrzeugvarianten getestet worden. Magirus Brandschutztechnik lieferte zwei LHF. 1998 erprobte die Berliner Feuerwehr einen Prototyp der Firma FGL aus Luckenwalde. In den Jahren 2000, 2001 und 2002 bauten die Fahrzeugwerke Nord (FWN) aus Flensburg drei baugleiche LHF 16/12 mit einem auffällig „geknicktem" GFK-Aufbau. Auch von Rosenbauer gab es einen GFK-Aufbau, der allerdings ein Einzelstück blieb. Zu den weiteren Besonderheiten gehört ein LHF 16/12 mit Single-Bereifung und Allradantrieb. Das auf der Interschutz 2000 vorgestellte Fahrzeuge wurde beschafft, weil die Besatzungen von Feuerwachen in den Randbezirken von Berlin oft zu Einsätzen in unwegsamen Waldgebieten alarmiert werden. Grundsätzlich hat sich dieser Prototyp durch seine speziellen Fahreigenschaften bewährt, doch ist die Geräteentnahme aufgrund der zwangsläufigen

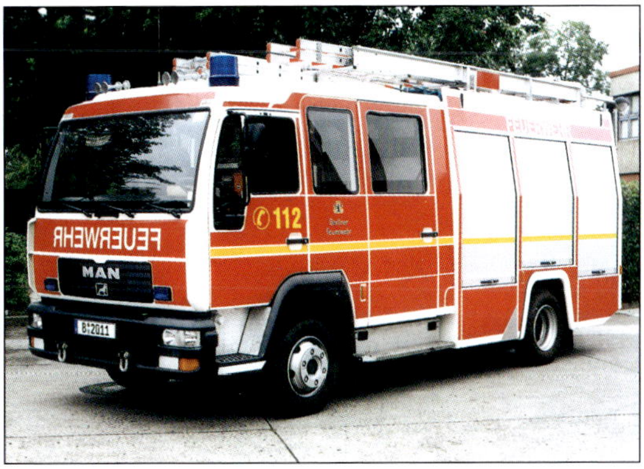

LHF 16/12 auf MAN 10.224 / Fahrzeug Werke Nord (FWN) Aufbau

LHF 16/12 auf MAN 10.224 / Rosenbauer in der Allradversion

Bauhöhe erschwert. Eines hatten die Prototypen aller Aufbaulieferanten gemeinsam – das Fahrgestell stammte stets von MAN und die Mannschaftskabine aus dem Werk in Wittlich.

Nach dem Jahr 2000 gab es noch einmal eine Beschaffung von 3 LHF mit Ziegler „ALPAS"-Aufbau. Danach wurden nur noch City-LHF mit Rosenbauer-Aufbauten beschafft, zu deren Standard heute eine Umfeld- und Einstiegsbeleuchtung sowie mechanisch unterstützte Leiterauflagen gehören. Im Jahr 2002 lieferte MAN Wittlich wiederum zwei Prototypen mit Rosenbauer-Aufbau zur Einsatzerprobung. Bedeutende Neuerung dieser Fahrzeuge war diesmal die so genannte Modulkabine. Je ein Fahrzeug war auf dem neu entwickelten MAN LE-Fahrgestell und der neuen Baureihe Mercedes-Benz „Atego" aufgebaut. Von dieser Kabinenform versprach man sich eine Kostenersparnis durch geringere Herstellungskosten; zusätzlich wiesen die Modulkabinen auch ein größeres Platzangebot auf. Um für Wartungsarbeiten an die

LHF 16/12 auf MAN 10.224 / Rosenbauer Einzelstück mit GFK Aufbau

LHF 16/12 Auf MAN 10.224 mit Ziegler Alpas Aufbau

LHF 16/12 auf MAN LE / Rosenbauer mit Wittlich Modulkabine

LHF 16/12 auf DC Atego 1225 / Rosenbauer mit Wittlich Modulkabine

LHF 16/12 auf MAN LE / Rosenbauer Serienversion, hier mit leuchtroter Folienbeklebung

Motoren zu gelangen, muss nur der vordere Fahrerhausteil gekippt werden. Beide Modulfahrzeuge fielen auch durch ein modifiziertes Foliendesign auf. Sie sind heute auf der Feuerwache Suarez stationiert. Ab 2003 bis heute ging man wieder dazu über, die Gruppenkabinen in herkömmlicher GFK-Bauweise herstellen zu lassen.

Erwähnenswert sind zwei LHF 16/12, die probeweise mit einer Atemschutzhalterung für den Einheitsführer auf dem Beifahrersitz beschafft wurden. Diese Halterungen sind zwischenzeitlich aus Platzgründen wieder zurückgebaut worden. Die beiden Fahrzeuge sind äußerlich an einem zusätzlichen Außenlautsprecher auf dem Fahrzeugdach erkennbar. Für die Lagerung der tragbaren Leitern auf dem Aufbaudach wurden ebenfalls verschiedene technische Lösungen getestet. Derzeit aktuell ist die Rosenbauer-Variante mit mechanischem Schienensystem. Im November 2005 wurde das letzte LHF 16/12 auf MAN LE 2000 in Dienst gestellt. Aufgrund knapper Haushaltsmittel wurde 2006 kein LHF beschafft.

Im Rahmen der Konzeption zukünftiger Löschfahrzeuge sollte, zumindest teilweise, eine CAFS-Anlage zur Erzeugung von Druckluftschaum eingebaut werden. Da die herkömmlichen LHF 16/12 in den Gewichts- und Platzverhältnissen ausgereizt waren, wurde 2006 eine neue Variante des LHF für den Einsatzdienst der Berliner Feuerwehr definiert. Die Bezeichnung lautet LHF 20/12. Es ist niedriger als frühere Generationen, dafür aber wieder etwas länger. Aufgebaut auf dem neuen MAN TGL 12.240 4x2 BB Fahrgestell - erstmals mit automatisiertem Schaltgetriebe - bietet das Fahrzeug größere Gewichtreserven. Die Mannschaftskabine ist jetzt in den Aufbau integriert und bietet mehr Platz als früher. Eine indirekte Beleuchtung in den Haltestangen der Kabine sorgt für angenehmes Nachtlicht. Zu den Neuerungen gehören u.a. ein tragbarer Wasserwerfer (Durchfluss 400-2000 l/min) sowie ein CO^2 Löscher, ein hydraulischer Rettungssatz in Einzelkomponenten (Spreizer, Schere, Rettungszylinder) zusammen mit Unterbaumaterial für technische Hilfeleistungen, Schlauchbrücken aus Vollgummi, mehr Schlauchmaterial, sechs statt vier 2-m-Handfunkgeräte und Handlampen, eine Multifunktionsbrechstange sowie modernes Türöffnungsgerät. Für Rettungsdiensteinsätze steht ein Notfallrucksack und ein Defibrillator zur Verfügung. Weitere Verbesserungen sind eine elektrisch angetriebene Schiebleiterentnahme und eine Rückfahrkamera. Für den Löscheinsatz wurde eine Feuerlöschkreiselpumpe FPN 10-2000 eingebaut, für den Schaumangriff kommt eine CAFS 1000 Anlage zum Einsatz. Dem aktuellen Atemschutzkonzept der Berliner Feuerwehr folgend, verfügt das LHF 20/12 über sechs Atemschutzgeräte (davon zwei als Langzeitgeräte) für alle Besatzungsmitglieder. 2007 werden drei Exemplare in Dienst gestellt werden.

LHF 16/12 auf MAN LE / Rosenbauer Sonderversion mit Dachlautsprecher und Atemschutz für Zugführer

LHF 20/12 auf MAN TGL / Rosenbauer Prototyp mit in den Aufbau integrierter Mannschaftskabine (vorn)

Die Fahrzeuge der deutschen Bahnfeuerwehren

von Axel Polnik

Als erste Bahnfeuerwehr in Deutschland wurde 1857 die Freiwillige Fabrikfeuerwehr in der Königlich Württembergischen Eisenbahnwerkstätte Buchhorn, dem heutigen Friedrichshafen, gegründet. Knapp über 140 Jahre nach Gründung der ersten Bahnfeuerwehr hat die Deutsche Bahn ab 1998 die meisten Bahnfeuerwehren aufgelöst. Als letzte ging 2003 die des Werkes Opladen außer Dienst. Lediglich in Maschen und Nürnberg gibt es derzeit noch Bahn-Werkfeuerwehren. In Hannover, Kassel und Wuppertal bestehen Betriebsfeuerwehren.

Erste Löschgeräte waren zwei- und vierrädrige Saug- und Druckspritzen sowie Abprotzspritzen. Die erste Dampffeuerspritze baute 1883 die Bahnfeuerwehr Oldenburg in Eigenregie. 1887 lieferte Busch-Bautzen eine Dampffeuerspritze an die neugegründete Bahnfeuerwehr Hannover. Eine weitere Dampffeuerspritze setzte seit 1913 die Bahnfeuerwehr Stendal ein. Bereits 1914 setzte die Bahnfeuerwehr Bremen eine Motorspritze mit einer Leistung von 400 l/min ein. Zwischen 1914 und 1930 wurden zwei- und vierrädrige Motorspritzen der Fabrikate Koebe, Metz, Magirus und Meyer-Hagen mit Spritzenleistungen zwischen 400 und 2000 l/min von einigen Bahnfeuerwehen beschafft.

Anfang der 30er Jahre bauten sich die Feuerwehren der Reichsbahnausbesserungswerke (RAW) München-Freimann und München-Neuaubing Lkw im Eigenbau zu Löschfahrzeugen für den Mannschaftstransport sowie für die Beförderung der Motorspritzenanhänger um. 1936 erhielt die Reichsbahnfeuerwehr des RAW Hannover einen Hansa-Lloyd-Eintonner Typ Express mit 27 PS in offener Bauweise und Metz-Aufbau. Im Heck war eine TS 8/8 eingeschoben. Weitere Fahrzeuge dieser Art erhielten die Reichsbahnfeuerwehren der RAW Oldenburg und Opladen, letzteres zwei Fahrzeuge. Erst im weiteren Verlauf des 2. Weltkrieges erfolgte dann die Beschaffung von

Die Fahrzeuge der Bahnfeuerwehr München-Freimann Anfang der 50er Jahre. Von links nach rechts: LF 8, LF 25 und LF 15 – alle auf MB-Fahrgestellen

Foto: Sammlung Heinz Lösch

insgesamt ca. 1000 Löschfahrzeugen der Bauarten LF 8, LF 15 und LF 25 sowie von mehreren tausend Tragkraftspritzen unterschiedlichster Leistungen und Typen sowie von einigen wenigen Schlauchkraftwagen von der Deutschen Reichsbahn.1942 erhielt die Bahnfeuerwehr des RAW Offenburg ein Tanklöschfahrzeug unbekannter Herkunft.

Nach dem Ende des 2. Weltkrieges wurde der in den Kriegsjahren stark ausgebaute Brandschutz auf ein Minimum zurückgefahren. Ab 1946 begannen die Bahnfeuerwehren für fehlende Löschfahrzeuge alte Wehrmachts-Lkw in Behelfs-LF 8 umzubauen. Als Ersatz für veraltete Behelfs-LF 8 beschaffte das Bundesbahnzentralamt (BZA) München 1956 insgesamt sechs Löschgruppenfahrzeuge LF 8 auf Opel Blitz 1,75 t mit Bachert-Aufbau, die an die Bahnfeuerwehren in den Ausbesserungswerken Paderborn, Bremen, Oldenburg, Lingen, Glückstadt und Schwerte gingen. 1958 lieferte Magirus auf demselben Fahrgestell noch ein LF 8 für die Bahnfeuerwehr des AW Karlsruhe. Die TS 8/8 war bei diesen Fahrzeugen im Heck eingeschoben. Weitere Beschaffungen erfolgten aber nicht mehr.

Die Bahnfeuerwehr des Ausbesserungswerkes München-Freimann baute sich in Eigenregie in den 50er-Jahren ein Mercedes-Benz LF 15 in ein Tanklöschfahrzeug mit 2000-Liter-Wassertank um. Nach Magirus-Unterlagen wurden 1959 drei TLF 16 auf Magirus Mercur 125 A über das Bundesbahnzentralamt München beschafft und den Bahnfeuerwehren in den Ausbesserungswerken München-Neuaubing und Schwerte sowie dem Schwellenlager Schwandorf zugeteilt. Diese führten zusätzlich zur Normausstattung 80 Liter Schaummittel, ein Mittelschaumrohr und einen Zumischer Z 4 sowie eine Bahnerdungsvorrichtung mit.

Das BZA München beschaffte 1960 von Magirus ein Löschgruppenfahrzeug LF 16 auf einem Magirus Rundhauber-Mercur 125 A. Dieses Fahrzeug wurde im AW München-Freimann hinsichtlich der speziellen Bahnbelange ausgiebig erprobt. In diesem Fahrzeug sollten die Löschmittel Wasser, Pulver und Schaum mitgeführt werden. Die 250-kg-Pulverlöschanlage ließ sich aufgrund der Pumpenanordnung im Heck aber nur seitlich einbauen. Unter Beibehaltung des 800-Liter-Wassertanks verwendete man einen Aufbaukoffer für ein LF 16-TS. Anstelle der im Heck bei diesen Fahrzeugen üblicherweise mitgeführten Tragkraftspritze TS 8/8 konnte nunmehr eine 250 kg Total-Pulverlöschanlage eingebaut werden. Nachträglich erfolgte beim LF 16 Einbau einer 45-kN-Seilwinde. Ebenfalls 1960 erhielt das AW München-Freimann ein Magirus-Rundhauber-Tanklöschfahrzeug TLF 16. LF 16 und TLF 16 wurden hier im Auftrage des BZA München einer intensiven Erprobungen für weitere Fahrzeugbeschaffungen unterzogen.

Nach Abschluss der Erprobungsphase lieferte Magirus 1962/63 insgesamt 23 Rundhauber-TLF 16

LF 15 der Bahnfeuerwehr Freiburg auf einem Opel Blitz 3 t, 1953 von der Bahnfeuerwehr Radolfszell übernommen und 1964 an die Bahnfeuerwehr Villingen abgegeben

Foto: Heinz Lösch

Das LF 8-TS auf Opel Blitz 1,75 t mit Bachert-Aufbau, Baujahr 1956, der Bahnfeuerwehr des AW Bremen
Foto: Klausmartin Friedrich

Hinter dem LF 16-P der Bahnfeuerwehr Oldenburg verbirgt sich das 1963 von Magirus auf einem Magirus Mercur 150 A gebaute Fahrzeug der Bahnfeuerwehr Hannover
Foto: H. U. Feih

Unter den 23 TLF 16, die Magirus 1962/63 an das BZA München auslieferte, war auch das 1962 gebaute TLF 16 auf Magirus Mercur 125 A der Bahnfeuerwehr des Bw Braunschweig
Foto: H.U. Feih

in drei Serien an das BZA München aus, das diese Fahrzeuge auf die Bahnfeuerwehren verteilte. 1963 wurden auch die ersten als LF 16-TP (Trockenpulver) bezeichneten Fahrzeuge auf Magirus-Eckhauber Mercur 150 A für die Bahnfeuerwehren ausgeliefert. Das erste LF 16-TP erhielt die Bahnfeuerwehr des AW München-Freimann, dem auch das Kraftwagenbetriebswerk München zugeordnet war. Das vorhandene Rundhauber-LF 16-TP ging an die Bahnfeuerwehr des Bw Siegen. 1963 lieferte Magirus in zwei Serien insgesamt 13 LF 16-TP an das BZA München aus, das die Fahrzeuge Bahnfeuerwehren mit Zuständigkeiten auch für Kraftwagenbetriebswerke sowie für Bahnbetriebs- und Bahnbetriebswagenwerke zuwies. Neben 800 Liter Wasser führten die LF 16-TP 250 kg Löschpulver und 140 Liter Schaummittel mit.

Das erste Eckhauber-TLF 16 erhielt 1964 die Bahnfeuerwehr des AW Frankfurt. Weitere TLF 16 gingen nach Fulda, Hamburg und Offenburg. Vier weitere TLF 16 auf Mercur 150 A wies das BZA München 1967 den Bahnfeuerwehren des AW Weiden und Hannover sowie den Bw Freiburg und Villingen zu. Von 1964 bis 1972 wurden in sieben Lieferserien von Magirus weitere 13 LF 16-TP, auch als LF 16-P bezeichnet, auf Mercur 150 A ausgeliefert. Das letzte Eckhauber-LF 16-P erhielt 1972 die Bahnfeuerwehr des AW Duisburg-Wedau.

Bereits 1970 lieferte Magirus die ersten Frontlenker-Fahrzeuge an Bahnfeuerwehren aus. Das erste TLF 16 auf MD FM 170 D 11 FA ging in diesem Jahr an die Bahnfeuerwehr des AW München-Freimann sowie an die Bahnfeuerwehr des Bw Haltingen. Bis 1978 beschaffte die Bahn noch weitere 13 TLF 16 auf diesem Fahrgestell. Das letzte TLF 16, bereits auf einem MD FM 192 D 11 FA, wurde 1979 der Bahnfeuerwehr des AW Nürnberg zugeteilt. Das erste LF 16-P auf einem Magirus-Frontlenker MD FM 170 D 11 FA erheilt 1973 die Bahnfeuerwehr des AW Frankfurt. Bis 1978 folgten noch weitere acht LF 16-P auf diesem Fahrgestell. Das letzte LF 16-P wurde bereits auf einem MD FM 192 D 11 FA 1980 der Bahnfeuerwehr des Bw Würzburg zugewiesen.

Durch diese Fahrzeugzuweisungen verschwanden bis 1974 alle Opel Blitz LF 8. Ferner konnten acht Rundhauber-TLF 16 ausgesondert werden. Weil 1982 das 1962 beschaffte TLF 16 auf Magirus-Eckhauber der Bahnfeuerwehr des AW Neumünster ausgeson-

Heckansicht des LF 16-P der Bahnfeuerwehren mit der anstelle der TS 8/8 eingeschobenen 250-kg-Minimax-Pulverlöschanlage
Foto: Heinz Lösch

dert werden musste, kam es 1984 zu einer Ersatzbeschaffung eines TLF 16 auf einem Iveco Magirus 120-10 AW. Es blieb bei diesem Einzelstück.

Um neben Brandeinsätzen aber auch verstärkt technische Hilfeleistungen, insbesondere beim Freiwerden von Gefahrgut, vornehmen zu können, ließ die Bahn das Hilfeleistungs-Löschgruppenfahrzeug HLF 24 entwickeln, das neben einer 50 kN Seilwinde und einer 2400 l/min-Kreiselpumpe über einen 1900-Liter-Wassertank, einen 100-Liter-Schaummitteltank sowie einen auf 5 Meter ausfahrbaren Lichtmast verfügt. Vorhanden war ein Freiraum für das mögliche Einschieben einer TS 8/8, das von den Bahnfeuerwehren ganz individuell für zusätzliche Gerätschaften genutzt wurde. In Hannover sind es ein Belüftungsgerät und Tauchpumpen, in Kempten die Beladung eines Ölschadenanhängers (ÖSA). Für technische Hilfeleistungen verschiedenster Art und Umfang, besonders aber für das Auffangen und Umpumpen von gefährlichen Stoffen, wurde der Rüstwagen Gefahrgut RW-G entwickelt. Für HLF 24 und RW-G wurden bei Magirus die Fahrgestelle des Iveco Magirus 120-25 AW verwendet. Für die Ablösung aller LF 16-P und TLF 16 sahen die Planungen der Deutschen Bundesbahn die Beschaffung von 75 HLF 24 und 49 RW-G vor. Die Erprobung von drei HLF 24 erfolgte ab Ende 1988 bei den Bahnfeuerwehren Freiburg, Kempten und Nürnberg. Ab dem Frühjahr 1989 erfolgte dann die Erprobung von zwei RW-G in Freiburg und Nürnberg.

Nach der Wiedervereinigung beider deutscher Staaten erfolgte ab 1. Januar 1994 die Überführung der beiden Staatsbahnen Deutsche Bundesbahn und Deutsche Reichsbahn in die Deutsche Bahn als Privatunternehmen. Dies hatte zur Folge, dass die Beschaffung von weiteren HLF 24 und RW-G 1994 endete. Bis 1994 sind 24 HLF 24 und 25 RW-G ausgeliefert worden. Während alle HLF 24 bei Bahnfeuerwehren der früheren Deutschen Bundesbahn eingesetzt wurden, kamen von den RW-G insgesamt neun Fahrzeuge zu früheren Freiwilligen Feuerwehren der Deutschen Reichsbahn. Bei der Deutschen Reichsbahn gab es keine speziellen Bahnfeuerwehren, die in den Reichsbahnausbesserungswerken und anderen Dienststellen vorgehaltenen Wehren waren Freiwillige Feuerwehren, die sich bezüglich der Ausrüstung nicht von den kommunalen Feuerwehren unterschieden. Einzelne ostdeutsche Fahrzeuge

1967 erhielt die Bahnfeuerwehr Hannover dieses Magirus-TLF 16 auf MD Mercur 150 A. Weiße Kotflügel und die weiße Bauchbinde stammen aus den 70er Jahren

Foto: H.U. Feih

1970 lieferte Magirus dieses TLF 16 auf MD FM 170 D 11 FA an das BZA München, das dieses Fahrzeug der Bahnfeuerwehr des AW München-Freimann zuwies Foto: Klaus Fischer

Das LF 16-Lp der Bahnfeuerwehr des AW München-Freimann wurde 1975 auf einem MD FM 170 D 11 FA gebaut. Die 250 kg-Pulverlöschanlage befindet sich auf der Beifahrerseite hinter dem ersten Rollo nach der Kabine Foto: Klaus Fischer

Im Eigenausbau rüstete sich die Bahnfeuerwehr Hof 1992 diesen VW Passat Kombi zum KdoW um. Das Fahrzeug kam zur FF Hof
Foto: Klaus Fischer

Das 1980 an die Bahnfeuerwehr Würzburg ausgelieferte LF 16-Lp auf MD FM 192 D 11 FA wurde 1992 von der Bahnfeuerwehr Hof übernommen, die dieses Fahrzeug in Eigenregie in einen GW-G umbaute, da für Hof kein RW-G vorgesehen war. Dieses Fahrzeug wurde von der FF Hof übernommen und wird als LF 16 eingesetzt
Foto: Klaus Fischer

Einer der drei Prototypen des HLF 24 auf Iveco-Magirus 120-25 AW kam 1988 zur Bahnfeuerwehr Nürnberg

Foto: Klaus Fischer

erhielten noch den sprichwörtlichen DB- „Keks" (das bekannte Eigentumszeichen) oder wie das IFA W 50 LF 16 des RAW Leipzig-Engelsdorf ein DB-Kfz-Kennzeichen, die eigentlich nur im Westen üblich waren.

Bis auf die noch bestehenden Bahnfeuerwehren sind alle anderen HLF 24, RW-G, aber auch die Frontlenker LF 16-P und TLF 16 sowie auch W 50-LF 16 und -TLF 16 an kommunale Feuerwehren, aber auch an Werkfeuerwehren verkauft worden. Als Ersatz für das HLF 24 der Werkfeuerwehr Bahn in Nürnberg wurde über den DB-Fuhrpark-Service nach den Vorgaben der Nürnberger Wehr 2004 bei Magirus ein LF 16/12 auf einem Iveco Magirus 140 E 24 (4 x 4) beschafft. Neben 2000 Liter Wasser werden 200 Liter Schaummittel mitgeführt. Neben einer festeingebauten FPN 10-2000 und einer FPH 40-200 im Heck ist noch eine Rotzler-Seilwinde TR 030/5 mit einer Zugkraft von 50 kN festeingebaut. 2006 erhielt die Werkfeuerwehr Bahn in Maschen von Magirus ein single-bereiftes TLF 16/25 auf dem neuen Iveco-Fahrgestell IM 140 E 28.

Einer der beiden Prototypen des RW-G auf Iveco-Magirus 120-25 AW kam 1989 zur Bahnfeuerwehr Nürnberg und wurde von der Werkfeuerwehr Bahn übernommen

Foto: Klaus Fischer

Das LF 16/12 auf Iveco-Magirus 140 E 24 (4x4) löste 2004 bei der Werkfeuerwehr-Bahn in Nürnberg das HLF 24 ab
Foto : Klaus Fischer

Eine Doppel-Schlauchhaspel, Lichtmast und große Gerätekästen auf dem Dach sind die typischen Kennzeichen des LF 16/12 der Werkfeuerwehr Bahn in Nürnberg
Foto: Klaus Fischer

Im Eigenausbau wurde dieser VW T 3 1981 von der Bahnfeuerwehr des AW München-Freimann in ein TroLF umgebaut. Es werden 50 kg Pulver, 50 kg Halon, drei Feuerlöscher P 12 kg, zwei Feuerlöscher Halon 6 kg und drei Metallbrandlöscher 6 kg mitgeführt
Foto: Klaus Fischer

Weitere Bücher unseres Verlages

Fordern Sie unser Gesamtverzeichnis an mit Büchern über **Autos**, **Motorräder**, **Lastwagen**, **Traktoren**, **Feuerwehrfahrzeuge**, **Baumaschinen** und **Lokomotiven**:

Verlag Podszun Motorbücher GmbH
Elisabethstraße 23-25, 59929 Brilon
Telefon 02961-53213, Fax 02961-9639900
Email info@podszun-verlag.de
www.podszun-verlag.de

Umfassende Darstellung aller Lkw- und Omnibus-Typen mit vielen besonderen Aufbauten.

224 Seiten, 570 Abbildungen
28 x 21 cm, fester Einband
Bestellnummer **456** EUR **39,90**

Die Geschichte von den Anfängen 1903 bis zur Übernahme von MAN mit allen Modellen.

240 Seiten, 770 Abbildungen
28 x 22 cm, fester Einband
Bestellnummer **119** EUR **39,90**

Die Geschichte der deutschen Drehleitern in den wichtigsten Ländern der Erde.

224 Seiten, 382 Abbildungen
28 x 21 cm, fester Einband
Bestellnummer **175** EUR **34,90**

45 Jahre deutsche Feuerwehrgeschichte als Bildband aber auch als Nachschlagewerk.

144 Seiten, 410 Abbildungen
28 x 21 cm, fester Einband
Bestellnummer **360** EUR **19,90**

Streifzug durch die 140-jährige Geschichte von Magirus. Mit vielen seltenen Dokumenten.

208 Seiten, 410 Abbildungen
28 x 21 cm, fester Einband
Bestellnummer **241** EUR **34,90**

Die Geschichte von Magirus wird anhand aller Lastwagentypen porträtiert.

280 Seiten, 710 Abbildungen
28 x 22 cm, fester Einband
Bestellnummer **388** EUR **44,90**

Drehleiterfahrzeuge deutscher Feuerwehren im 20. Jahrh. mit faszinierenden Abbildungen

208 Seiten, 340 Abbildungen
28 x 21 cm, fester Einband
Bestellnummer **240** EUR **34,90**

Die Geschichte der Scania-Feuerwehrfahrzeuge mit allen technischen Daten und vielen Fotos.

128 Seiten, 150 Abbildungen
28 x 21 cm, fester Einband
Bestellnummer **181** EUR **24,90**

Rund 150 Fahrzeuge werden ausführlich dargestellt mit Maßstabszeichnungen und techn. Daten.

342 Seiten, 805 Abbildungen
28 x 21 cm, fester Einband
Bestellnummer **216** EUR **44,90**

Komplette Geschichte des großen deutschen Feuerwehrherstellers mit allen techn. Daten.

192 Seiten, 525 Abbildungen
28 x 21 cm, fester Einband
Bestellnummer **378** EUR **29,90**

Neuheiten, Ford-Transit, Pariser Feuerwehr, Bronto Skylift, Werkfeuerw. Salzgitter AG u.a.

144 Seiten, 285 Abbildungen
17 x 24 cm, Leinenbroschur
Bestellnummer **264** EUR **14,90**

Neuheiten, Faun LF 8-TS, Oldtimer, Tragkraft-Spritzenfahrzeuge, Unimog UHN u.a.

144 Seiten, 275 Abbildungen
17 x 24 cm, Leinenbroschur
Bestellnummer **332** EUR **14,90**

Neuheiten, Interschutz 2005, Blacke & Co in Frankental, Berliner Drehleitern u.a.

144 Seiten, 280 Abbildungen
17 x 24 cm, Leinenbroschur
Bestellnummer **394** EUR **14,90**

Neuheiten, Feuerwehr Dortmund, Teleskopmastbühnen, Hägglunds, FF Menden

144 Seiten, 290 Abbildungen
17 x 24 cm, Leinenbroschur
Bestellnummer **424** EUR **14,90**

Dokumentation der amerikanischen Feuerwehrfahrzeuge mit faszinierenden Abbildungen.

208 Seiten, 380 Abbildungen
28 x 21 cm, fester Einband
Bestellnummer **248** EUR **34,90**

Alle Fahrzeuge der Berliner Feuerwehr ab 1960. Mit dem Berliner Löschzug und Sonderfahrz.

160 Seiten, 370 Abbildungen
28 x 21 cm, fester Einband
Bestellnummer **192** EUR **24,90**

100 Jahre Hamburger Feuerwehrgeschichte mit technischen Daten und exzellenten Bildern.

184 Seiten, 420 Abbildungen
28 x 21 cm, fester Einband
Bestellnummer **331** EUR **29,90**

Die Geschichte und Fahrzeuge der Berufs- und hauptamtlichen Freiwilligen Feuerwehren.

128 Seiten, 250 Abbildungen
28 x 21 cm, fester Einband
Bestellnummer **440** EUR **19,90**

Lösch- und Sonderfahrzeuge, Kran-, Geräte- und Rüstwagen u. a. auf Flughäfen.

182 Seiten, 510 Abbildungen
28 x 21 cm, fester Einband
Bestellnummer **298** EUR **34,90**

Von der ersten selbstfahrenden Dampfspritze bis zu den hochtechnisierten Werkzeugen heute.

248 Seiten, 1410 Abbildungen
28 x 21 cm, fester Einband
Bestellnummer **389** EUR **39,90**

Eine Sammlung faszinierender Fotos von Volkswagen, größtenteils aus privaten Archiven.

128 Seiten, 320 Abbildungen
28 x 21 cm, fester Einband
Bestellnummer **452** EUR **19,90**

Umfassende Chronik der vielen Volkswagen, die bei den Feuerwehren zum Einsatz kommen.

184 Seiten, 740 Abbildungen
28 x 21 cm, fester Einband
Bestellnummer **416** EUR **29,90**

FEUERWEHR
FEUERWEHR MONHEIM a. R.